鐵道列車出發時刻

定

上り		
横濱發車《ヨコハマハツシヤ》	午前八字	午後四字
品川到着《シナガハトウチヤク》	午前八字三十五分	午後四字三十五分

下り		
品川發車	午前九字	午後五字
横濱到着	午前九字三十五分	午後五字三十五分

車ノ等級《トフキフ》

賃錢	
上等	片道壹圓五拾錢《カタミチイチヱンセン》
中等	同壹圓
下等	同五拾錢

來《キタ》る五月七日より此表示《ヘウジ》の時刻《ジコク》に日々横濱並《ナラビ》に品川ステイションより列車出發《レツシヤシユツパツ》す乘車《ジヤウシヤ》せむと欲《ホツ》する者は遲《オソ》くとも此表示の時刻より十五分前《フンゼン》にステイションに來《キタ》り切手《キツテ》買入其他《カヒイレソノタ》の手都合《テツガウ》を爲《ナ》すへし

但發車並に着車《チヤクシヤ》共必《カナラ》す此表示の時刻を違《タガ》はさるやうには請合《ウケアヒ》かたけれとも可成丈遲滯《チタイ》なきやう取行《トリヲコナ》ふへし

手形《テガタ》は其日限《カギ》り乘車一度の用《ヨウ》たるへし

小兒《コドモ》四歳《サイ》まては無賃《ムチン》其餘《ヨ》十二歳まては半賃金《ハンチンキン》の事

旅客《リヨカク》は總《スベ》て鐵道規則《テツダウキソク》に隨《シタガ》ひ旅行《リヨコウ》すへし

手形檢査《ケンサ》の節《セツ》は手形を出《イダ》し改《アラタメ》を受《ウケ》又《マタ》手形取集《テガタトリアツメ》の節は之を渡《ワタ》すへし旅客自《ミツカ》ら携《タツサ》ふ小包《コヅヽ》みドウランの類《ルヰ》は無賃《ムチン》なれとも若《モ》し損失《ソンシツ》あらは自ら負《オ》ふへし其餘の手廻《マハ》り荷物《ニモツ》は目方三十斤迄《キンマデ》は二十五錢《セン》三十斤以上六十斤迄は五十錢を拂《ハラ》ひ荷物掛へ引渡請取證書《ウケトリシヨウシヨ》を求《モト》め置《オ》くへし 尤《モツトモ》一人に付目方六十斤迄を限とす

手廻荷物は總《スベ》て姓名《セイメイ》か又は目印《メジルシ》を記《シル》すへし

旅客中乘車《ジヤウシヤ》を得《エ》ると得《エ》さるは車内場所《バシヨ》の有無《ウム》によるへし

犬《イヌ》一疋に付片道賃錢《カタミチチンセン》二十五錢を拂ふへし併《シカ》し旅客車に載《ノ》するを許《ユ》るさす犬箱《イヌハコ》或は車長《チヤウ》の車にて運送《ウンソウ》すへし尤首輪《クビワ》首綱《クビツナ》口網《アミ》を備へて相渡すへし

發車時限を惰《ヲコタ》らさるため時限の五分前にステイションの戸を扃《トザ》すへし

吸煙車《キウエンシヤ》の外《ホカ》は煙草《タバコ》を許《ユ》るさす

旅客車上中下三等の内《ノ》乘らむと欲《ホツ》する所《トコロ》の賃金《チンキン》を過金《ツリ》取引なきやうに用意致《イタ》し來るへし

明治五年　鐵道寮

監修者――五味文彦／佐藤信／高埜利彦／宮地正人／吉田伸之

［カバー表写真］
東京名所之図
（新はし鉄道、1874年）

［カバー裏写真］
D51形200号蒸気機関車

［扉写真］
明治五年鉄道列車
出発時刻及賃金表

日本史リブレット 59

近代化の旗手、鉄道

Tsutsumi Ichirō
堤 一郎

目次

近代化の旗手として

「鉄道」という言葉を聞いて私たちがまず思いうかべるのは、日常的な通勤・通学や買い物、ビジネスや観光旅行に利用する車両のことではないだろうか。こうした車両はいわば鉄道の「顔」であり、利用者と直接接点を持つ輸送の担い手である。鉄道を利用するだれもが、新しく登場した新形車両やデザイン面でユニークな車両に出会ったとき、少なからずそれに注目し乗ってみたいと思うに違いない。経営面からすれば、魅力ある車両は一つの商品にもなっている。

こうした人と車両との接点に駅がある。ここは目的地までの運賃を支払い、契約証の乗車券を持って旅行するための場所だけではなく、多分野にわたる情報や機能が集まるところでもある。鉄道の持つ側面はこれだけではないが、鉄道を取り巻く環境は時代とともに少しずつ変化していることもまた事実である。

鉄道が日本に導入されてすでに一四〇年が経過する。この間、日本の近代化を担う旗手としてまた牽引機として、これまで鉄道が果たしてきた役割はきわめて重要である。長く陸上交通機関の王者として、鉄道はその地位を誰もが認める存在であった。しかし、第二次世界大戦後に経済の高度成長期を迎えた日本では、個人所得の向上にともない自家用自動車の保有台数が増加した。これにより、移動手段を公共交通機関だけに頼らなくてもすむようになり、さらに人口の都市への移動による地域の過疎化が鉄道離れを引き起こす原因の一つにもなった。

戦後解禁された国内での自動車生産を、経済政策の大きな柱として進めてきた日本では、自動車保有台数の増加が国民の生活水準を示す一つの指標になったことは否定できない。しかしその代償として、年々増える交通事故件数や大気中の二酸化炭素量増加といった環境問題が、社会的課題としてクローズアップされてきた。将来的にも私たちの生活に自動車という交通機関は不可欠な存在であろう。しかし、今後の総合的な交通政策を考えるとき、長い経験と豊かな実績を背景に持つ鉄道の果たす役割が、再び重要視されることはほぼ間違いないといえる。これは、海上・河川交通機関として鉄道よりもさらに歴史の長い、船についても同様である。

将来的に見て、鉄道が新たな役割を担うならば、これまでの鉄道の歴史を一度振り返り、そこから学んだ多くのことがらを目的にあわせて再構成する仕事がまずなされるべきではなかろうか。鉄道の持つ広い領域の中でも、それを運営し輸送するために不可欠なものは何といっても「技術」である。長期にわたり蓄積された「ソフト」面での技術と、これを具体化するための「ハード」面での技術が両輪になり、これらがインターフェイス役を担う「人」という車軸で確実に結ばれ、目的地に向かって敷設《ふせつ》したレールに従って走るさまが、将来の鉄道においても変わらぬ姿になろう。

いうまでもなく、鉄道は明治初期に鉄道先進国イギリスから導入された新しい総合技術システムである。一般に新しい技術を導入し完全に自国のものにする過程には、大きく五つの段階が存在しているといえる。鉄道技術の中の車両分野に限ってその発達段階を考えると、およそ次のようになろう。

まず、新しい技術をそのままシステムごと導入する第一段階（車両をイギリスからそっくり輸入）である。次にこれを国内で徐々に吸収しながら、見よう見まねで機械部品など一部を自国でつくり技術習得する第二段階（外国人技術者の指導下で、客貨車や蒸気機関車の組立、改造・製造を実施）である。さらにこうした経験を基に、主要構成部材を外国製品に頼りながらも多くの部品と工作機械を自国内で製造し、車両をつくりあげるのが第三段階（明治期の国内での車両製造）である。そして素材から部品に至るまでのすべてと、より進んだ専用工作機械を自国内で製造する第四段階（大正期以降の車両製造）がこれに続く。最後は外国へ自国の技術を輸出・援助する第五段階（第二次大戦後から現在）である。

今日に至る長い鉄道の歴史を技術面から振り返ると、そこには車両、レール、橋梁・トンネル、信号・保安装置など実に広範囲にわたる技術展開の姿が見られ、これらはいずれも興味深い。すでに、鉄道をテーマとし史的観点からまとめられた優れた著書はいくつも存在するが、本書はそれらの著者に敬意を表しながら内容を参考にさせていただき、これに筆者のこれまでの調査研究成果も加えながら、鉄道技術史を身近な存在にしてもらうことを目的に啓蒙書としてまとめたものである。

記載内容は機関車や電車などの車両に限定し、製造技術の発達とその時々に登場した車両、実現に貢献した尊敬する偉大な先輩技術者の方々、さらにこれまでの技術の姿を今に伝える鉄道の産業遺産についても紹介した。時期区分は鉄道開業期、自立期、充実期、発展期の四つとし、「人と技術と社会」の関わりを中心に、できるだけ事例をあげながらわかりやすく記述したつもりであるが、浅学非才ゆえの誤りもあろうかと思われるので、どうかご教示をお願いしたい。

なお、本書では車両製造期間が数年間にわたる場合は初年だけとし、第一号車の製造所名のみの記載とすることを最初にお断りしておきたい。

それではこれから話をはじめることにしよう。

①——鉄道の原点

鉄道車両と軌間

鉄道という輸送システムに最低限必要なものは、「車輪」のついた車両と二本の「レール」である。自動車のように運転者自身がハンドルを握り、行きたいところにいつでも移動できる交通機関に比べて、鉄道はレールという案内路に従い規則通りに車両が移動するところが大きな違いといえる。レールには車輪を介して車両の移動先を導くほか、人や貨物を含めた車両の荷重を支えるという大切な役目がある。

レール間の「幅」は鉄道にとってきわめて重要なもので、これを「軌間《きかん》(ゲージ)」とよぶ。軌間は、イギリスをはじめヨーロッパ諸国、アメリカなどで標準的に使われている四フィート八インチ半(一四三五㎜:蒸気機関車による鉄道の実用化を可能にした、ジョージ・スチーブンソン採用のゲージ)のものを標準軌(スタンダード・ゲージ)、これより広いものを広軌(ブロード・ゲージ)、狭いものを狭軌(ナロー・ゲージ)とよぶ。

▼日本の鉄道で使われる軌間
三フィート六インチのほか、四フィート八インチ半、四フィート六インチ(一三七二㎜)、三フィート(九一四㎜)、二フィート六インチ(七六二㎜)、二フィート(六一〇㎜)などがある。このほか、鉱山など産業用にはこれよりさらに狭い軌間を持つものも存在する。

この分類▲に従えば、日本のJR各社や都市の多くの鉄道、地方鉄道で使われている三フィート六インチ(一〇六七㎜)は狭軌だが、明治初期に日本に鉄道が導入されたときこの軌間が採用され、官設鉄道(官鉄、または国鉄)や民間資本による私設鉄道(私鉄)がこの軌間で(法規制の下で)国内に鉄道ネットワークを形成したため、これがあたかも標準軌であるような取り扱いがなされ、標準軌への改軌を「広軌化」とよんだ。関東の京浜急行電鉄や京成電鉄、関西の近畿日本鉄道や阪急電鉄など一部の私鉄では標準軌を採用するが、その上を走る車両の幅はJRなどと大差はない。線路を標準軌とし車体幅も広い車両が実現したのは、一九六四(昭和三十九)年十月の東海道新幹線開業以降である。

このように、鉄道の軌間は輸送量と建設コスト、さらに高速化とも関わっている。それは、軌間が広いほど走行安定性が良く、高速走行が可能になるからである。日本の鉄道のほとんどが狭軌であることは技術開発上の大きなハードルであった。しかし、日本人の優れた独創性と創造力、さらに製造技術がこれを見事に克服して、狭軌鉄道ながらも大形機関車の開発と設計、高速走行時の安定性確保、動力分散方式と機械工学の成果を生かした高性能新形台車採用に

▼**ミュンヘン「ドイツ博物館」の複製品**　実測から、軌間一〇〇〇㎜、固定軸距(ホイールベース)四〇〇㎜、車輪直径二〇〇㎜、箱車長さ一三五〇㎜を得た。

よる高速列車運転に成功した。世界に名高い「新幹線」の実現は、こうした長年にわたる技術力の蓄積が開花したものといえる。

レールの変遷

中世末期のドイツ・ザクセン地方の炭鉱で、坑内外の石炭輸送のために丸い木の枝をほかの木材上に幅を一定に保ちながら固定し、この上に凹形溝と縁(フランジ)付き車輪を備えた箱車(トロッコ)を押したり引いたりして運転したことが、今日の鉄道実用化の始まりとされている。この複製品▲(レプリカ)はミュンヘンの「ドイツ博物館」に展示され、ここには鉄道を構成する重要な要素であるレールとフランジ付き車輪、軌間(ゲージ)がはじめから登場している。

重い石炭を満載した箱車の往復により木製レールは摩耗したり壊れたりしたであろうから、やがてレールと車輪の接触部分を平らにし、ここに木材よりも摩耗や強度に優れた鉄の帯板を貼って箱車を運転するようになった。鉄を使ったレールの登場である。産業革命が進むと鉄の生産量が高まり、鋳鉄《ちゅうてつ》(鋳物用鉄で炭素を二・〇〜六・七%含む)や錬鉄《れんてつ》(〇・二%以下の炭素を含む、比較的柔らか

▼米子駅構内の双頭レール　一八七〇年イギリスのダーリントン・アイアン社製。

い鉄）製レールが使用され、さらに鉄を精錬し性能をより向上させた鋼（一般には二・〇％以下の炭素を含むが、炭素量が増すと硬く強くなる反面もろくなる）が生産されるようになると、これが錬鉄製レールに代わる。「鉄道」とはいえ、その主役は鋼なのである。

日本で鉄道開業時に使われた主なレールはイギリスのダーリントン・アイアン社製の錬鉄製双頭《そうとう》レールである。これは車輪と接する部分が上下対称形で、片側が摩耗するとこれを左右入れ替えるか上下反対に使うことができた。さいたま市の鉄道博物館には双頭レールが保存展示され、JR西日本の摂津富田駅や米子駅ではホーム上屋《うわやね》根を支える支柱に再利用されている姿が見られる。▲現在、最も多用されるレールは平底《ひらぞこ》レールである。

鉄道創業期の双頭レールから標準的な平底レールまでの変遷をみると、断面形状・寸法と断面大形化の様子、さらに使われる単位もフィート・ポンド制からメートル制に変わっていることがわかる。レールの大きさは長さ一ｍあたりの重さで決まり、五〇kgレールなどとよばれているが、最近は保守の簡易化もあわせて大形断面レールが各地で使われている。

レールは使用面が規定量摩耗すると交換し、より低規格の線区▲や構造物に転用し再利用されてきた。現役を引退したレールは駅の構造物などにも数多く見られるが、こうしたレールの出自は横腹（ウェブ）部分に残る標記（ブランディング）からわかる。例えば「KRUPP GERMANY 1890 H.T.T」という標記は「ドイツ・クルップ社一八九〇年製で北海道炭鉱鉄道発注」であり、「UNION D 1900 N.T.K.」は「ドイツ・ウニオン製鋼所ドルトムント工場一九〇〇年製で日本鉄道発注」の意味である。線路脇の柵《さく》や駅ホーム上屋根の支柱、ホーム間を結ぶ跨《こ》線橋《せんきょう》支柱などにも、英、米、独、露などの外国製レールをはじめ、官営八幡製鉄所、富士製鉄といった国産レールが今でもたくさん使われている。通勤途上や旅行時にこれらを注意深く観察すると興味深い事例に出会えるだろう。

こうした産業の歴史を知る手がかりになるものを「産業遺産」とよび、鉄道はまさに産業遺産の宝庫であり探す楽しみは尽きない。読者の皆様の産業遺産との新しい出会いや発見を、大いに期待したい。

▼**線区の規格**　一九二九年の建設規程では、線区は最小曲線半径、勾配、レールの重量、車両の軸重により、甲、乙、丙線に区分している。例えば甲線は幹線（あるいは輸送量の多い線）とし、最小曲線半径三〇〇m、勾配一〇〇〇分の二五以下、レールの重量三七kg（特別の場合は五〇kg）、車両の軸重（車輪にかかる車両の重量）一六トンとされた。さらに三二年丙線の下に簡易線を加えた。

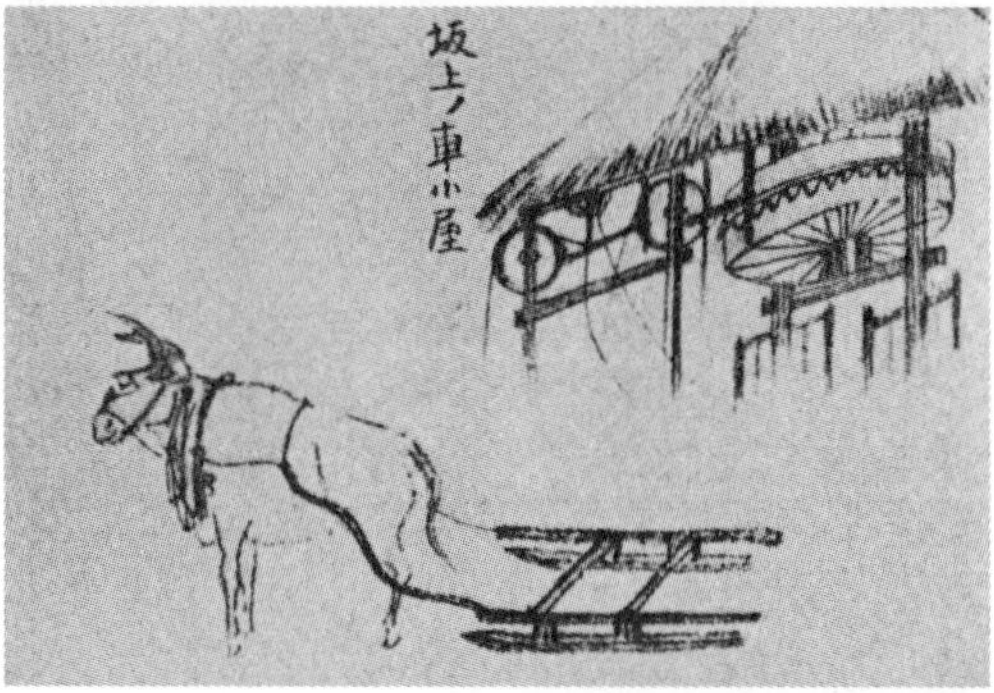

●──滑車利用の巻上げ
茅沼炭鉱での鉄道の実用化が描かれている。山腹に索巻上装置が、また斜面上３ヵ所に複線の交換設備が見える。

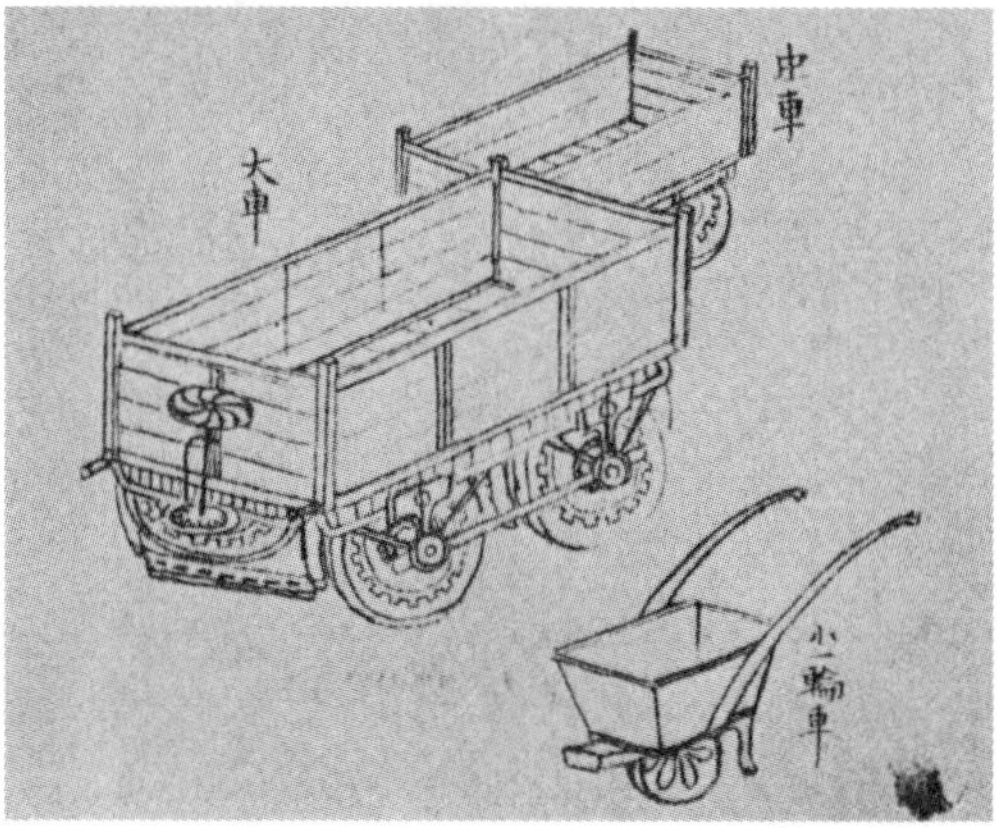

●──小一輪車は坑内用、中車は１トン積。大車は４トン積で途中の高架部で中車から大車に積み替えられた。

日本初の鉄道の実用化

東京―横浜間を結ぶ鉄道が開業する以前の日本では、外国船への石炭供給を目的に産業(運炭)用鉄道が敷設され、これが国内における鉄道実用化の嚆矢《こうし》といわれている。

一八六九(明治二)年、北海道の茅沼《かやぬま》炭鉱(日本海側の後志《しりべし》支庁泊《とまり》村)で山元から海岸まで石炭輸送のため、三五ポンド(一五・八kg)レールを使い二〇丁(二・二km)の距離に軌間二フィート六インチ(七六二㎜)の軌道を敷設した記録がある。勾配《こうばい》区間には滑車利用の索巻上《さくまきあげ》装置▲が設置され、ブレーキを緩めると石炭を積んだ貨車(中車)が自重により下降し、替わりに空車が上昇するケーブルカー方式であった。平坦区間には大車が、空車回送には畜力(牛)が使われた。

こうした産業用鉄道は、本書で取り上げる公共用鉄道とは分野が異なるが、日本初の鉄道の実用化という視点からは記しておくことに意味がある。

▼滑車利用の巻上げ　前ページ参照。

②—鉄道開業期の技術と社会

公共用としての京浜間鉄道開業

一八六九(明治二)年、東京—京都(西京)間を鉄道で結ぶ計画が政府決定された。これには、天皇中心の新たな中央集権体制強化、国内経済の振興と発展、新しい外国文化の積極的導入、外国の利権阻止などの目的があったといわれている。敷設案には東海道・中山道両案があったが、七〇年四月東京—横浜間を建設するための測量に着手した。この鉄道建設には、政治の中心地と開港場を結ぶという社会的要請に加え、経営や建設上の技術的諸問題を解決しつつ、鉄道という新しいプロジェクトを実践的に習得しようとするケーススタディーが多分に含まれている。この時の鉄道建築師長(建設担当技師長)はイギリス人エドモンド・モレル▲であったが、連日の激務により肺結核で病死した。

七一年九月、横浜側線路の一部が完成した。横浜港近くの仮作業場で輸入機関車や客貨車を組立て、まだ路盤が固まらない線路上で試運転がおこなわれた。この仮作業場が日本の鉄道作業場(後の鉄道工場)の先駆けとされるが、ここに

▼エドモンド・モレル　一八四一〜七一年。ロンドンに生まれ、キングス・カレッジで土木工学を学ぶ。ニュージーランド、オーストラリアでの鉄道建設を経て、一八七〇年来日。京浜間鉄道建設に従事するほか、技術行政全般を担う工部省の設立にも尽力した。横浜市内の外国人墓地にある彼の墓碑は乗車券をかたどり再建され、一九六二年鉄道記念物指定。

は部品加工用工作機械や補修用部品なども同時に輸入されていた。

七二年六月十二日、品川—横浜（現、桜木町）間が仮開業した。このとき鉄道略則（鉄道利用規則）が定められ、賃送契約証（手形＝乗車券）を発売、一般人の鉄道利用が始まった。▲実のところ、仮開業は新橋駅構内が未整備だったことと、鉄道の用地内通過に反対した兵部省との摩擦を避けるため、品川の手前まで海中に築堤《ちくてい》を建設しており、この線路敷設工事が間に合わなかったためである。

公式開業までの四カ月間は、鉄道運営や技術面からすれば実にありがたい試行期間でもあったはずである。それは、こうしたビッグプロジェクト遂行にともなうさまざまなトラブルや初期故障を、鉄道営業や列車運転を通して現実的に知ることができるからである。技術にたずさわる者にとって初期故障やトラブルは生きた教材そのものであり、またとない貴重な体験となる。現在の高度技術システムでも全く同様であり、ブラックボックス化が進む中で発生する予期しえないアクシデントには、初期段階での十分な原因探求がなされていない場合も多い。

▼**略則と時刻表**　扉写真参照。

▼開業式直前の新橋駅構内風景
機関車と客車八両が見える。後ろから二両目は荷物車であろうか。

開業時の列車運転

仮開業初日の列車運転は、下り品川発が午前九時と午後五時、上り横浜発が午前八時と午後四時の二回、いずれも途中ノンストップで所要時間は三五分だった。客車の等級は上等・中等・下等の三等級制で、運賃はそれぞれ一円五〇銭《せん》・一円・五〇銭であった。翌々日には川崎、神奈川両駅が開業、一日六往復運転となり川崎で上下列車交換、このため所要時間は四〇分となった。当時の列車編成は二編成であろうか。この時から区間運賃制が導入され運賃を値下げ、全線を五区間（品川―川崎間と川崎―神奈川間が各々二区間、神奈川―横浜間が一区間）に分け、一区間運賃上等一八銭七厘《りん》五毛《もう》・中等一二銭五厘・下等六銭二厘五毛とした。後に二往復増え、列車運転は一日八往復に増加した。

初の公共用鉄道としての京浜間公式開業は▲、一八七二（明治五）年十月十四日新橋―横浜間で、当日は明治天皇が臨席し全線を往復乗車した。この初のお召し列車牽引《けんいん》の栄誉《えいよ》を担ったのは2号蒸気機関車（後の160形162号：一九一一年廃車）で、上等車（定員一八人）一両、中等車（定員二四人）二両、そして下等車（定員四四人）五両の八両編成（延べ総員二八六人）だったといわれるが、下等車一両は荷物車だった可能性もある。公式開業後の列車運転は一日九往復になり、川崎—神奈川間に鶴見駅が開業、全線六区間となった。

当初は旅客営業だけだったこの鉄道も翌七三年九月から貨物営業を開始、これで鉄道輸送を担う両輪がそろった。

外国人技術指導者と日本人研修生の活躍

京浜間に敷設された官鉄の流儀は、イギリス流であった。建設責任者も現場担当技術者もともにイギリス人で、その下で日本人が研修生として直接指導を受けた。イギリス人が話す言葉を何とか聞き分けながら、機械や機器の運転操作法をそれこそ体で習得し、やがては一人立ちするための知識と技量を身につけるため必死に実務に励んだ。

なかでも、蒸気機関車の機関方(機関士)養成はその代表的なものといえる。まずは火夫《かふ》(機関助士)として乗務経験を積んだ中から候補者が選ばれ、鉄道工場や機関庫で工具使用法、機関車構造と動作原理を学ばせ、運転法や故障時の応急対処法を実地訓練した。そののち工事列車に乗務させ検定試験を実施、合格者を機関方に採用した。採用後は駅構内での列車入換えや近距離列車運転などに従事させた。日本人初の機関方誕生は、一八七九(明治十二)年三月新橋鉄道局で三名、同年八月神戸鉄道局で三名、同年十一月から京浜間鉄道全列車の機関方は日本人が担当した。こうして鉄道現場では日本人が少しずつ主要任務を担当しはじめ、七四年一一五人だった外国人技術者は八二年二二人、八七年一四人と数が激減した。

国内での鉄道技術者養成機関は、七七年五月大阪駅構内に開設された工技生《こうぎせい》養成所▲である。日本人による初の山岳トンネル工事には、同所卒業生、国沢能長《くにざわよしなが》▲が大活躍した。国沢は、掘削《くっさく》に動員した工部省生野《いくの》鉱山鉱夫たちを指揮し、石工《いしく》と左官《さかん》(石組み作業)、瓦《かわら》職人(煉瓦焼成《れんがしょうせい》)の協力を得て七九年九月にトンネルを貫通させ、翌年七月には京都―大津間が開業した。これが旧逢坂山《おうさかやま》トンネル▲で、一九六〇(昭和三十五)年十月鉄道記念物に指定された。

京浜間鉄道開業時の車両群

京浜間鉄道開業にあたりイギリスから輸入された蒸気機関車は一〇両だった。

▼**工技生養成所**　一八七七年鉄道局により大阪駅構内に設立された鉄道技術者養成機関。試験選抜され、数学、力学、測量、製図、土木学一般、機械学大要、鉄道運輸大要などが教えられた。八二年閉鎖されたが、二四名の卒業生を世に送りだした。

▼**国沢能長**　一八四八〜一九〇八年。高知県出身の土木技術者。一八七四年鉄道寮に入り英国人技術者に鉄道建設の実地を学ぶ。工技生養成所第一期卒業生で、京都―大津間の鉄道建設に従事、のちに北海道鉄道社長もつとめた。

▼**旧逢坂山トンネル**　旧東海道本線京都―大津(現、膳所《ぜぜ》)間にあり、一九二一年まで使用され、六〇年鉄道記念物指定。現在のＪＲ奈良線京都―稲荷間はこの旧線の一部を使用している。

すべてが一八七一（明治四）年製の軸配置▲1Bタンク式▲機関車で、重さは一九〜二六トン、外側シリンダ方式▲で弁装置はスチーブンソン式▲を備えていた。これら一〇両の製造元はバルカン・ファウンドリー社▲（1号：形式150形▲で現在鉄道博物館に保存展示、一九五八年鉄道記念物指定、一九九八年国指定重要文化財）、シャープ・スチュアート社（2〜5号：形式160形▲、増備車一両が博物館明治村で動態《どうたい》保存運転中）、エイボンサイド・エンジン社（6・7号）、ダブス社（8・9号：形式190形）、ヨークシャー・エンジン社（10号：形式110形▲で東京都の青《お》梅《うめ》鉄道公園に保存展示、一九六一年鉄道記念物指定）の五社で、各社特色あるスタイルをしていた。当時イギリスの機関車製造会社一社のみに一〇両同時発注しても製造は十分可能であったろうが、発注先の五社分散化による納期短縮と利益分配の様子を見てとれる。

　客車は五八両で木製車体の二軸《にじく》車▲、貨車七五両も二軸木製車で、有蓋《ゆうがい》車と無蓋《むがい》車がそのほとんどであった。

▼軸配置　蒸気機関車の軸配置は先輪・動輪・従輪の順で表し、先輪と従輪は数字、動輪はアルファベットの順を数字のそれに対応させる。1Bならば先輪一軸・動輪二軸、1B1ならば先輪一軸・動輪二軸・従輪一軸、Cは動輪三軸を表す。

▼タンク式とテンダ式　タンク式は機関車本体に水と石炭を搭載する方式で、水タンクはボイラ両脇や運転室後部におかれる。テンダ式は機関車後部に石炭と水を積んだ炭水車を連結するもので、長距離走行が可能になる。

▼外側シリンダ方式　機関車の動力発生装置であるシリンダを、台枠外側においた方式。シリンダが台枠内側にあるものを、内側シリンダ方式とよぶ。

▼スチーブンソン式弁装置　明治期の蒸気機関車に多用された標準形弁装置。一八四三年ロバート・スチーブンソン社のW・ウィ

リアムとJ・ハウにより考案・改良されたもの。動輪の回転運動を偏心棒の揺動運動を経て、弁装置の往復運動に変換する機構。

▾バルカン・ファウンドリー社　一八三〇年ロバート・スチーブンソンの援助でチャールズ・ディリュアーがランカシャーに開業した。

▾150形・160形・110形　下の写真参照。

▾二軸車とボギー式客車　前者は二つの車軸を持つ客車で、軸端は軸受を介して台枠に固定されている。車軸中心間距離を固定軸距(ホイールベース)とよぶ。

後者は複数の車軸を持つ前後の台車で車体を支える方式の客車。二軸客車に比べて曲線通過が容易で、軸重(車軸にかかる客車の重量)が減り線路負担度が軽減される。

●―150形　1871年バルカン・ファウンドリー社製1Bタンク式機関車。

●―160形　1871年シャープ・スチュアート社製1Bタンク式機関車。

●―110形　1871年ヨークシャー・エンジン社製1Bタンク式機関車。

阪神間鉄道開業と車両群

京浜間に遅れること二年、阪神間にも官鉄が開業した。一八七四(明治七)年五月旅客営業、同年十二月貨物営業開始である。阪神間測量着手は七〇年八月で、途中に石屋《いしや》川トンネル(長さ六一m)をイギリス人技術者の指導で掘り、武庫川・下神崎川・下十三《じゅうそう》川に径間《けいかん》(スパン)七〇フィート(二一・三m)の錬鉄製トラス橋梁を架設した。この橋梁はイギリスのダーリントン・アイアン社製(京浜間鉄道で使用の双頭レール供給元)であった。京浜間にはトンネルがなく、川幅の広い六郷川橋梁でさえも架設されたのは径間五五フィート(一六・八m)の木製格子《こうし》(ラチス)トラスだったため、阪神間のトンネルも錬鉄製橋梁もともに鉄道施設としては日本初の事例となった。

阪神間鉄道開業時設定の運賃は京浜間とは異なる距離比例制で、一マイル(一・六一km)あたり上等五銭・中等三銭五厘・下等二銭であった。車両は蒸気機関車一二両、客車八三両、貨車七七両が用意された。

機関車はいずれもイギリス製で、シャープ・スチュアート社一八七一年製B1テンダ式機関車(京浜間用として輸入)11・12号(のちの形式5000形で、日本初

▼石屋川トンネル　次ページ参照。

▼錬鉄製トラス橋梁　次ページ参照。

▼テンダ式　一八ページ頭注参照。

●──石屋川トンネル　石屋川は天井川で、川の下を鉄道が走っていた。記録には「石屋川トンネル長三十三間余、幅二間半余、高二間余」とある。

●──錬鉄製トラス橋梁　武庫川に架設されたもので、記録には「武庫川鉄橋長百四十間、幅三間」とある。

●──120形123号　うしろはハ495号客車。

のテンダ式機関車)、キッツオン社一八七二年製2Bテンダ式機関車(42・44・46・48・50・52号:のちの形式5130形)と同社一八七三年製Cテンダ式機関車(14・16・18・20号:のちの形式7010形で18・20号を5100形に改造)、そして世界最古の機関車製造会社として名高いロバート・スチーブンソン社▲一八七三年製1Bタンク式機関車(6・8・10・12号:のちの形式120形、12号すなわち改番後の123号▲が京都府与謝野《よさの》町の加悦SL広場に保存展示)であった。これは国内唯一の名門ロバート・スチーブンソン社製蒸気機関車であるとともに、世界的にも数少ない現存機の一両で産業遺産としても価値があるため、産業考古学会▲二〇〇〇年度推薦産業遺産、二〇〇五年度重要文化財に指定された。

明治政府によるこれら東西の鉄道開業は、江戸時代までの日本には存在しない近代的公共交通機関の登場であり、その後の私鉄による鉄道路線長の増大とあわせて海上・河川交通を衰退させるトリガーの役割を担うようになる。

初期の客貨車組立てと製造

京浜間鉄道開業にあたって、客貨車は台枠《だいわく》部材や鋼鉄製の車輪・車軸など走

▼**ロバート・スチーブンソン社**　世界最古の機関車製造会社。一八二三年ジョージ・スチーブンソンがニューカッスルに創業。

▼**120形123号**　写真前ページ。

▼**産業考古学会**　一九七七年設立。産業遺産の保存と調査研究をおこなう学術団体。会員数約六〇〇名。

▼**最古客車図**　次ページ参照。

▼**区分席式**　解放式客室内に座席が線路に直角におかれ座席間の移動はできない。背もたれは一本の横はりで背中合わせに着席する。

▼**オーバーハング**　車軸あるいは台車中心位置から左右にある車体の一部。

行装置と車体を輸入し、これらを機関車同様横浜港近くの作業場で組立て完成させた。当初準備された客車は五八両、貨車は七五両で、いずれも木製車体の二軸車であった。この客車は馬車のようなコンパートメント（区分室）式ではなく現在のような中央通路式（教会の座席配置に習ったものか？）で、大きさは全長二五フィート（七六二〇㎜）、固定軸距（ホイールベース）一二フィート（三六五八㎜）であった。さいたま市の鉄道博物館に鉄道創業期の客車として展示されるものは、鉄道史の基本文献として知られる『日本鉄道史・上篇』掲載の「最古客車図」▲をもとに大井工場でつくられた複製品（レプリカ）だが、京浜間鉄道開業時ではなく二年後の阪神間鉄道開業にあたり準備されたものであることが明らかにされた。この客車は区分席式▲で全長一五フィート（四七五二㎜）、固定軸距八フィート（二四三八㎜）とかなり小さな客車であることが一見してよくわかる。台枠は木製で車体左右のオーバーハング部▲はトラス構成、台枠中央に鋼棒が縦通《じゅうつう》し、列車に仕立てた時の引張力《ひっぱりりょく》を担うよう設計されている。これは木製トラス橋梁と同様で、技術面での共通性を知ることができる。

　こうした客貨車の組立作業は日本人研修生にとって良い実務経験となり、修

●──初代1号御料車の室内　最高の意匠を凝らした美しい姿を今に伝える、当時の傑作品。1958年鉄道記念物指定、2003年重要文化財指定。

●──新橋停車場平面図
器械場、鍛冶場、塗師場などがある。

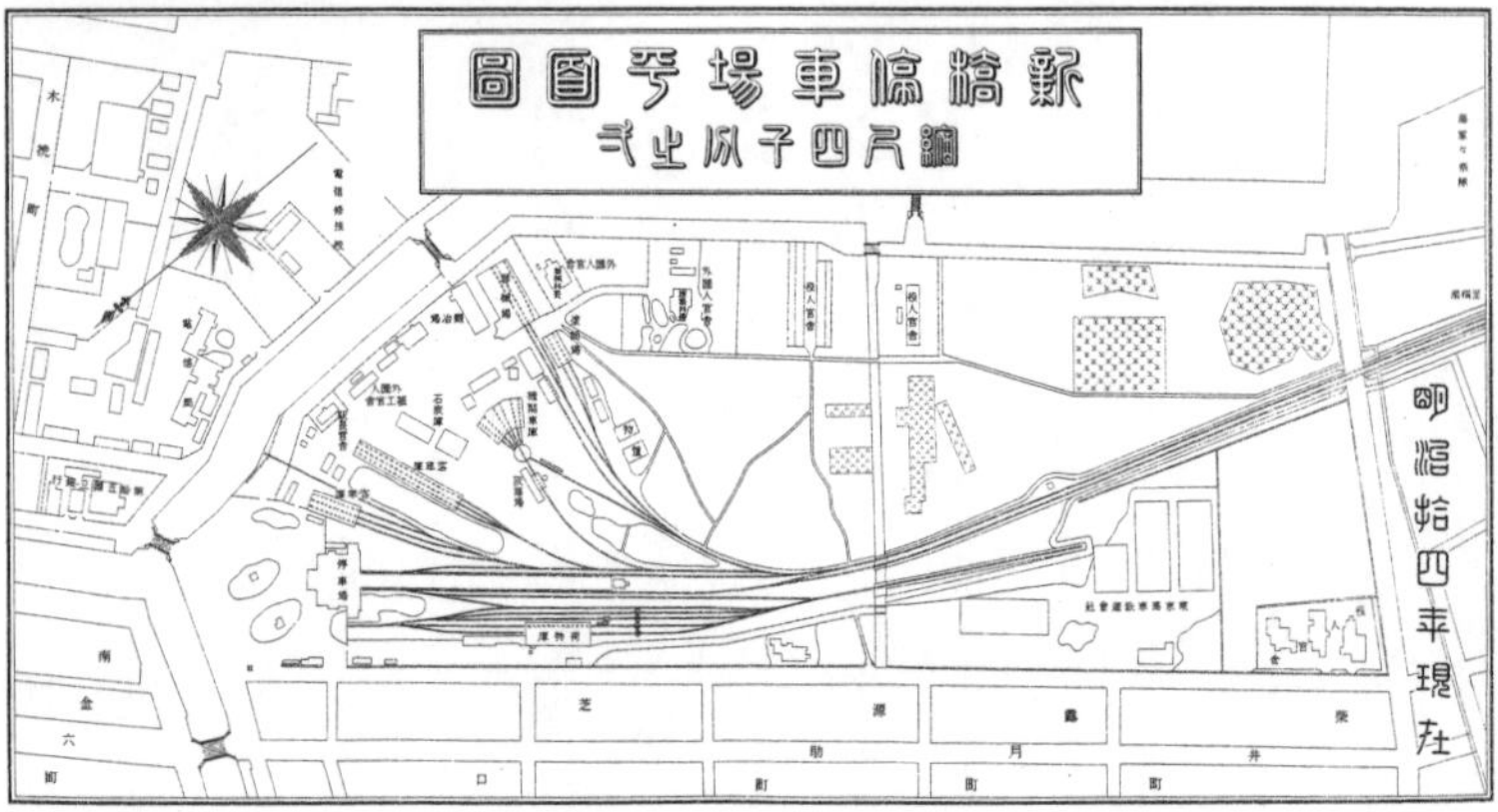

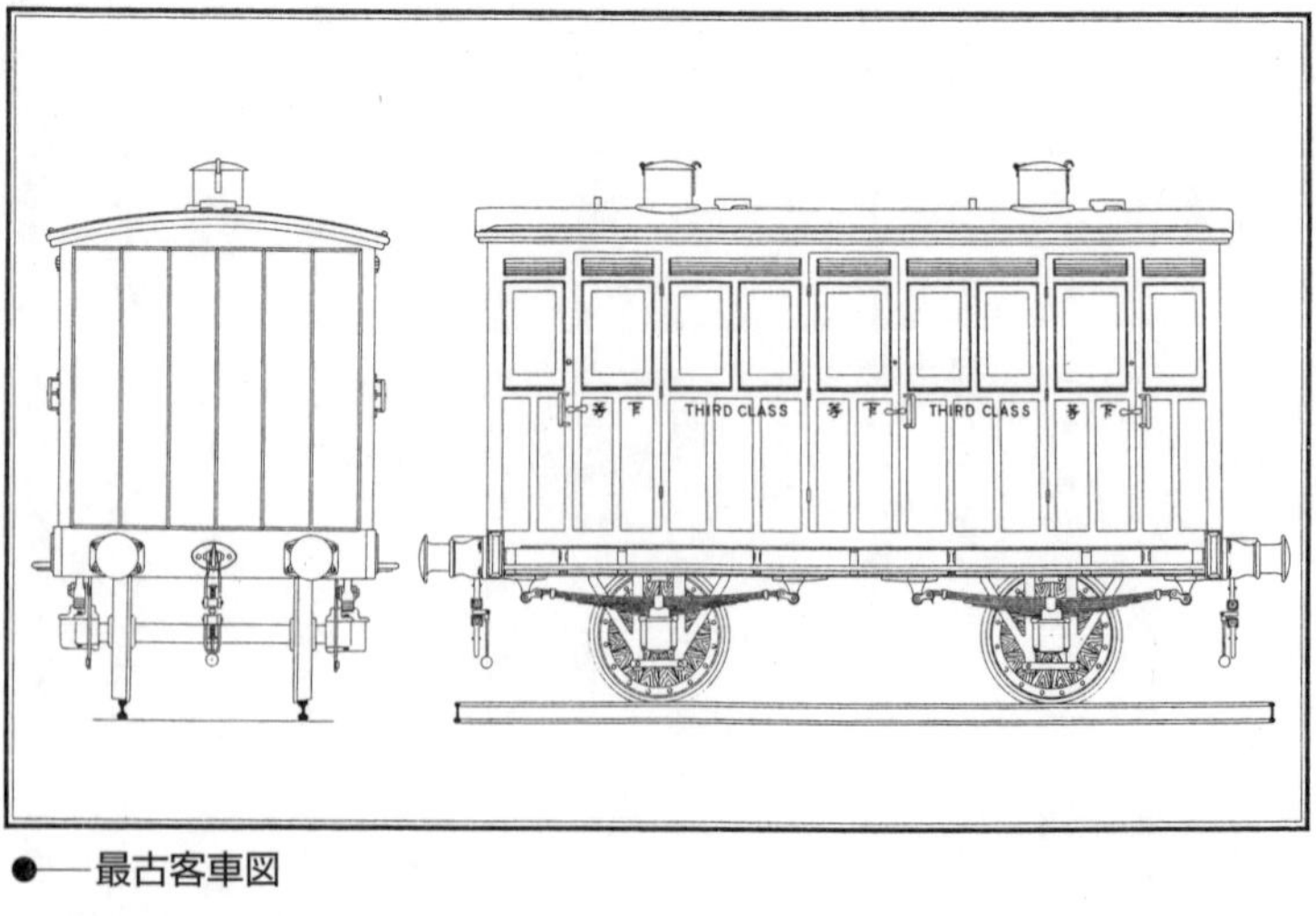

●──最古客車図

理・改造作業を経てついには新橋駅構内▲に設けられた鉄道工場（当初は工場とはよばず、器械《きかい》場、鍛冶《かじ》場、塗師《ぬし》場などで構成）で輸入部品や鋼材を使い、客貨車の国産化をするまでになる。まずは一八七五（明治八）年神戸工場で、続いて七九年新橋工場で二軸客車が製造され、一九〇〇年頃まで続いた。国産はもっぱら木製車体部分に限られ、ここには江戸時代から続いた高いレベルの在来木工技法（大工や指物師の技能）が適用できた。しかし残念ながら、客車台枠用鋼材（側《がわ》ばり・横ばり・端《はし》ばりなど）はこの時期国産化ができず、輸入に頼らざるを得なかった。鋼材の国産化はその供給元である官営八幡製鉄所▲が、いく度かの失敗の末やっと製品を世に送り出しはじめる〇四年以降にならないと態勢が整わず、主要鋼材はもちろんレールに至るまでも外国から輸入するのが常であった。

一方、大形の二軸ボギー式客車▲は阪神間鉄道開業に際し九両が使用されたが、この中の下等車一両は神戸工場製の国産客車であった。外観はそれまでの二軸客車を二両つなぎ合わせたような形状で、台車もアダムスボギーとよばれる試作的台車が使われた。ボギー式客車は二軸客車に比べて高速走行性能に優れ、乗り心地も良く、大量輸送に適していることなどから年々需要が高まり、客車

▼**新橋停車場平面図**　前ページ参照。

▼**官営八幡製鉄所**　鉄鋼材料の国産化を実現するため一八九七年設立、一九〇一年操業を開始した国営の製鉄所。当初の名称は「製鉄所」、現在の日本製鉄の前身。

▼**ボギー式客車**　一九ページ頭注参照。

の供給はもっぱら官鉄の新橋、神戸両鉄道工場が担った。一八八九年東海道線全線開通にあたっては、イギリスから五六両も大量輸入された。

お召し列車用御料車の製造

京浜間鉄道開業時に明治天皇が乗車したいわゆるお召し列車には、特別な御料車《ごりょうしゃ》（玉車《ぎょくしゃ》あるいは鳳車《ほうしゃ》）はなかったようである。しかしこの時期の客車図面を調べると、一二人乗り特別車（Saloon Carriage）の存在に気付く。おそらく天皇はこの特別車に乗車されたのではなかろうか。特別車は上等車同様中央通路式で客室内部を三室に仕切るが、座席端部に肘《ひじ》掛《か》けが取り付けられているところに違いが見られる。

客車の中でも際立つ存在が御料車である。初代御料車▲（初代1号）はイギリス人技術者W・M・スミスの指導により、一八七六（明治九）年神戸工場で製造の木製二軸車で、当時の最高技術と意匠の粋を集めた傑作である。七七年二月京都—神戸間鉄道開業式で、天皇はこの御料車に初乗車し一往復された。これに続く御料車第2号（初代2号）は、九一年ドイツ・バンデルツィーペン社製木製

▼御料車初代1号　二四ページ参照。

二軸車で、九州鉄道（現、JR鹿児島本線）が輸入した。これらはともに美しい姿のままさいたま市の鉄道博物館に保存展示され、前者は一九五八（昭和三十三）年鉄道記念物に、二〇〇三（平成十五）年重要文化財に指定され、また後者は一九六三年鉄道記念物に指定された。

この後、御料車は大形化（ボギー車化）し、さらに供奉車《ぐぶしゃ》（侍従、女官用客車）も必要となり、新橋工場とその後身大井工場が製造を担当、第二次世界大戦後には電車形御料車も登場した。さいたま市の鉄道博物館をはじめ、愛知県の博物館明治村、神奈川県の読売ランドには鉄道記念物に指定された御料車が今も大切に保存されている。

③—鉄道自立期の技術と社会

幹線的私鉄の状況

官鉄が京浜間、阪神間に開通すると、東北、関西、山陽、九州、四国各地でも民間資本による鉄道建設が進められていく。

東北地方を縦貫する私鉄は華族・士族から資金を集め、日本鉄道として設立された。これは日本初の私鉄で、現在の東北本線と高崎線の前身である。上野—青森間を開通させ、東北地方の開発と経済発展、さらに有事の際の兵員・軍需物資輸送も兼ねていた。一八八三(明治十六)年上野—熊谷間が、翌年には高崎、前橋まで開通、さらに大宮から分岐し宇都宮、黒磯、郡山、仙台、盛岡の順に開通し、九一年青森に到達した。

日本鉄道は官鉄的色彩が濃厚で、車両の保守なども上野駅構内に官鉄技術者が出張していた。日本鉄道系列には両毛《りょうもう》鉄道▲(小山—前橋間：九七年譲渡)、水戸鉄道▲(小山—水戸間：九二年譲渡)があり、自社の手により日光線(宇都宮—日光間)、磐城《いわき》線▲(水戸—岩沼間)、土浦線・隅田川線▲(友部《ともべ》—土浦—田端—隅田川間)が開通し

▼**両毛鉄道**　一八八八年小山—足利間に開業した私鉄。翌年前橋まで全通。現、JR両毛線。

▼**水戸鉄道**　一八八九年小山—水戸間に開業した私鉄で、現JR水戸線。水戸—那珂川間は翌年開業、これは那珂川舟運との連絡用貨物線。なお、九七年水戸—久慈川(仮)間を開業させた太田鉄道(九九年太田まで全通、現JR水郡線の一部)も、一九〇一年水戸鉄道と改称した。

▼**磐城線**　一八九七年日本鉄道水戸—平間開業時の線名。翌年水戸—岩沼間が全通。磐城線、土浦・隅田川線、水戸線の一部は海岸線と総称された。

▼**土浦線・隅田川線**　一八九五年日本鉄道土浦—友部間開業時の線名。翌年田端—土浦間、田端—隅田川間が開業。隅田川は構内に運河があり、船で貨物が運ばれた。

た。後の三線は現在の常磐線で、常磐炭田産石炭の輸送用として敷設・延長された産業用鉄道的性格を持つ路線であった。現在、常磐線友部—内原《うちはら》間で上下線が大きく離れて走るのは、ここを常磐炭積載貨車の操車場(ヤード)として使う計画があり、こうしたところにもまだ産業遺産が残っている。

関西鉄道は現在の関西本線の前身で、大阪—名古屋間を結ぶ南回りルートとして計画、一九〇〇年大阪鉄道を譲り受け大阪—奈良—名古屋間を全通させ、途中に加太《かぶと》峠の急勾配区間を有しながらも高性能蒸気機関車をそろえて官鉄と競い、運賃値引きで盛んに対抗したことはよく知られている。価格破壊の走りといえようか。

同社社長の田《でん》健治郎は、帝国大学機械工学科を優秀な成績で卒業した和歌山県出身の島安《やす》次郎《じろう》を汽車課長として迎え入れた。島は私鉄ならではのアイディア作戦を展開し、一・二・三等の区別を白・青・赤の色帯で客車窓下に明示して、これを乗車券にも適用した。さらに客室内照明灯にピンチ式ガス灯を採用した。当時の車内照明は、官鉄では主に石油ランプが用いられ、夕刻になると停車中の客車屋根上から駅務員が火を灯したランプを差し込んでいた。石油ラ

▼**大阪鉄道**　一八八九年湊町—柏原間、翌年奈良まで開業した幹線的私鉄。一八九一年王寺—高田間(JR和歌山線の一部)が開業。一九〇〇年関西鉄道に譲渡、現JR関西本線となった。

▼**田健治郎**　一八五五〜一九三〇年。兵庫県生まれ。一八九〇年逓信書記官を経て逓信次官。一九一六年寺内内閣の逓信大臣。一八九八年関西鉄道社長となり官鉄と対抗した。

▼**島安次郎**　九四ページ参照。

▼**石油ランプ**　明治期に輸入された照明器具で、種油、灯油を燃料とする。

ンプに比べて明るいガス灯は、夜間でも客室内を明るく照らし、官鉄にサービス面で対抗した。

当時はどの駅にも、構内転轍器《てんてつき》(ポイント)用潤滑油のほか、客車室内や信号機照明用ランプに使う石油類を貯蔵する煉瓦造灯室《れんがぞうとうしつ》(危険品庫、または親しみを込めてランプ小屋とよぶ)が設置された。これはわずかながらまだ各地に残る、明治・大正期の産業遺産である。

関西鉄道の鉄道工場は四日市(三重県)にあり、自前の技術で特色ある客貨車も製造した。唯一の現存例は、茨城県南部を走る関東鉄道▲竜ヶ崎駅構内に車体だけが倉庫として残る一九〇〇年製の鉄製有蓋車である。

山陽鉄道は神戸—下関(山口県)間を瀬戸内海に沿って敷設した、日本鉄道に次ぐ幹線的私鉄であった。同社社長の中上川彦次郎《なかみがわ》▲の命により列車の高速運転を前提としたため、線路用地は複線、全線でわずか二区間を除き最急勾配を一〇〇〇分の一〇、曲線半径は三〇〇m以上にするという、当時としては画期的な路線設計がなされていた。同社の競争相手は瀬戸内海航路で、急行列車運転や寝台車、食堂車連結など対抗策を打ち出し旅客を奪った。主力機関車はアメ

▼**関東鉄道**　一九六五年茨城県の常総筑波鉄道と鹿島参宮鉄道が合併し成立した、非電化では当時最大規模の地方私鉄。

▼**中上川彦次郎**　一八五四〜一九〇一年。豊前国生まれ。福沢諭吉の慶応義塾に学び、一八七四年から七年の間イギリスに留学した。八八年山陽鉄道の社長に就任し、外国製機関車を積極的に導入したり真空制動機を採用した。

▼ボウストリング形橋梁　旧上田丸子電鉄千曲川橋梁。左側二連がドイツ製。他はイギリス製四連。増水で倒壊し撤去。

リカから輸入された大形テンダ式機関車で、兵庫におかれた鉄道工場では蒸気機関車をはじめ、大形木製ボギー式客車や二軸貨車が自社技術により製造されている。

九州鉄道はＪＲ鹿児島本線の前身にあたるが、本州の鉄道に比べて技術面で大きな違いがあった。それは同社がドイツの鉄道技術を導入し建設されたからである。鉄道建設の指導者は、ドイツ人ヘルマン・ルムシュッテルで、当初は蒸気機関車をはじめ客貨車、はては橋梁などそのほとんどがドイツ製だったが、徐々にアメリカ製機関車も使用された。橋梁はいわゆるプリファブ式のボウストリング形▲が主流で、構成部材を分解して現場に運びそこで組立てるという合理的設計であったが、寿命はあまり長くはなかった。九州鉄道の鉄道工場は小倉(現、北九州市)に置かれ、現在の小倉工場の前身にあたる。

四国では讃岐鉄道(現、ＪＲ予讃線)がドイツ技術を導入し瀬戸内海に沿って建設され、多度津《たどつ》(香川県)に鉄道工場がおかれた。後年、讃岐鉄道は山陽鉄道に譲渡された。

日本鉄道、山陽鉄道、関西鉄道、九州鉄道など幹線的私鉄の鉄道工場からは、

●——蒸気機関車の形式称号

1898年

形式称号	機関車の種類
A	動輪2軸・タンク式
B	動輪3軸・タンク式
C	アプト式
D	動輪2軸・テンダ式
E	動輪3軸・テンダ式
F	動輪4軸・テンダ式

1909年

形式称号	機関車の種類
1～ 999	動輪2軸・タンク式
1000～3999	動輪3軸・タンク式
4000～4999	動輪4軸・タンク式
5000～6999	動輪2軸・テンダ式
7000～8999	動輪3軸・テンダ式
9000～9999	動輪4軸・テンダ式

独特なスタイルの客貨車が日本人技術者により、各私鉄の実状にあわせてデザインされオリジナルな雰囲気を醸《かも》し出しながら走っていた。しかし、官鉄同様車両構成部材の鉄鋼製品はそのほとんどを輸入に頼らざるを得なかった。

蒸気機関車製造技術の確立に向けて

日本人技術研修生は、新橋・神戸両工場での客貨車組立てと製造を通して、技術・技能両面での蓄積をおこなっていった。こうした実務から得られた蓄積は、現場でなされる保守・補修作業を通してさらに定着されたといえよう。

しかし、客貨車に比べて構造や機構が複雑で製造には高度な専門的機械技術を要する蒸気機関車はそう簡単にはいかなかった。この分野の技術習得には時間がかかり、まずは輸入機関車の改造工事を手始めに進められていった。一八七六(明治九)年、神戸工場ではイギリス人初代汽車監察方《かんさつがた》(工場長あるいは技術部門最高責任者)W・M・スミスの指導により、貨物用Cテンダ式機関車(キッツオン社一八七三年製:形式7010形)二両を旅客用2Bテンダ式機関車に改造する工事をおこなった。これは京都への鉄道延長により旅客用機関車が不足するからであった。
改造工事は第一動輪を撤去、台枠を加工し二軸先台車を取り付け、さらに従来の直径四三インチ（一〇九二㎜）動輪を五五インチ（一三九七㎜）の大形動輪に交換したが、ボイラはそのまま使われていた。改造後の形式は５１００形となった。一般に貨物用機関車は低速ながら牽引力を大きくするため動輪径を小さくし、旅客用機関車は高速向きに動輪径を大きくする必要がある。日本での鉄道開業後わずか四年目にして機関車改造工事ができたことは、実務にたずさわる日本人技術研修生の力量の高さを知る良い指標であり、注目に値することでもあった。

一八八四年、神戸工場ではベイヤー・ピーコック社一八八二年製2Bタンク式機関車二両（26号・28号）を2Bテンダ式機関車に改造、長距離運転用とした。これが５４９０形であり、当時の汽車監察方は第二代B・F・ライトである。一八八八年、R・F・トレヴィシックが第三代汽車監察方だった時、歴史に残る大事業がおこなわれた。国産第一号蒸気機関車の製造である。彼は蒸気機関車の発明者リチャード・トレヴィシックの孫であり、父も伯父も鉄道技術者とい

1928年

形式称号	機関車の種類
B10〜B49	動輪2軸・タンク式
C10〜C49	動輪3軸・タンク式
E10〜E49	動輪5軸・タンク式
B50〜B99	動輪2軸・テンダ式
C50〜C99	動輪3軸・テンダ式
D50〜D99	動輪4軸・テンダ式

▼R・F・トレヴィシック　九二ページ参照。

▼リチャード・トレヴィシック　一七七一〜一八三三年。ジェームス・ワットが改良した大気圧蒸気機関を小形高圧化、出力強化をはかり車台上に搭載、輸送機関への実用化を可能にした蒸気機関車の発明者。当初は蒸気車を、後に蒸気機関車を製造したがいずれも時期尚早で、社会的ニーズはきわめて少なかった。

う家系であった。

　国産第一号蒸気機関車221号（137号を経て後の形式860形▲）製造は、イギリスからの輸入部品と鉄鋼材料を使い八カ月を要して九三年完成、直ちに京阪神間で使用され、他の輸入機関車との性能比較がおこなわれた。この機関車は当時の標準的軸配置1B1で、最大の特徴は複式シリンダ▲を採用したことである。これはボイラで発生した高圧蒸気をまず運転台側から見て左側高圧シリンダ（直径一五インチ：三八一㎜）に入れてピストンを動かし、再び右側低圧シリンダ（直径二二・五インチ：五七二㎜）に送り再度仕事をさせる方式のことである。経済面では機関車購入費と石炭消費量で節約ができる反面、運転には特殊技能が必要で、複式ゆえ保守も面倒というマイナス面もあった。長く京阪神間で使われ、後に樺太《からふと》庁鉄道に渡り同地で終焉《しゅうえん》を迎えた。今にしてみれば、国宝級とも言える国産第一号蒸気機関車を後世のために保存しなかったことは、技術史研究上の重要資料を失ったことであり、産業遺産の損失といえる。

　のちに神戸工場ではトレヴィシックの指導で、一八九五・九六年2Bテンダ式機関車5680形と1Cテンダ式機関車7900形、一八九九・一九〇二年

▼860形　次ページ参照。

▼複式シリンダ　ボイラで発生した蒸気を二段膨張させて使うため、高圧・低圧両方のシリンダを持つもの。シリンダの位置は左右（860形）、上下（ボークレン式。8500形では上が低圧、下が高圧）、前後（9750形では前が低圧、後ろが高圧、写真四二ページ）がある。

●──860形　日本人の手による初の国産蒸気機関車で、手前が高圧、向こうが低圧シリンダ。残念ながら現存しない。

●──2120形　明治期の代表的な蒸気機関車の一つで、軸配置Ｃ１のタンク式機関車。現在は同系機2109号が埼玉県の日本工業大学工業技術博物館で動態保存されている。

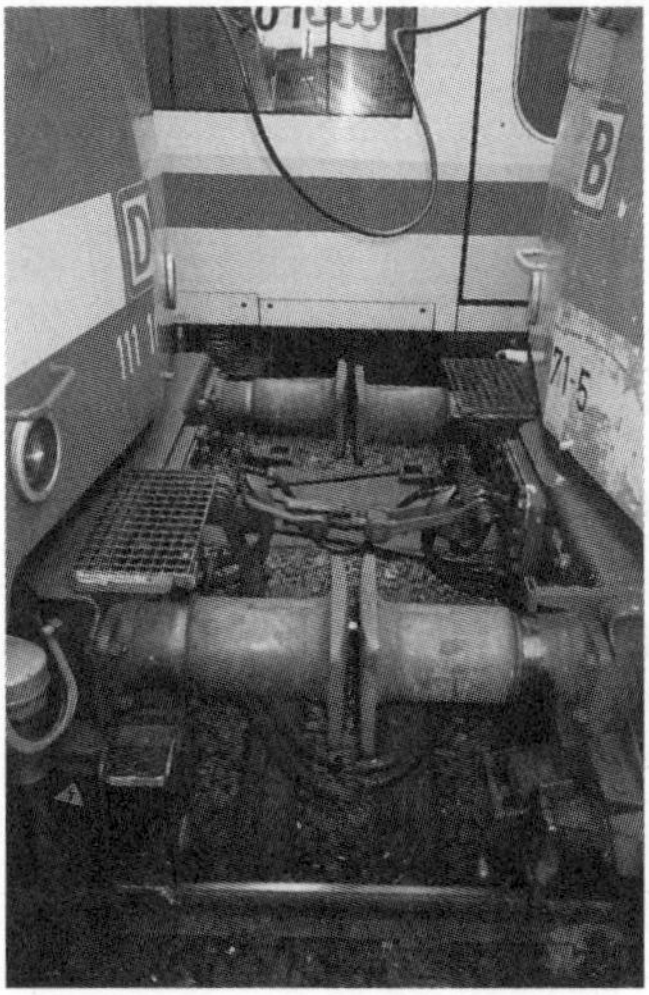

●──フック・リンク・バッファ式連結器　中央にフックとリンク、両側にバッファ（緩衝器）を持つ。ドイツ鉄道（ＤＢ）やヨーロッパ諸国の鉄道では、まだこの連結器が主流である。

▼2120形　前ページ参照。

▼京都大学総合博物館の大形蒸気機関車模型　木製ながら細部まで精巧につくられている。

C1タンク式2120形▲、一九〇〇・〇六・〇八年1Dテンダ式機関車9150形、そして〇四年1C1タンク式機関車3150形を製造した。これらはともに神戸工場オリジナルデザイン様式を持つ著名な機関車群である。

　トレヴィシックは〇四年帰国したが、彼の指導により神戸工場が手がけた蒸気機関車は延べ三四両、製造の背景には森彦三《ひこぞう》・太田吉松《きちまつ》ら熱心な日本人技術研修生たちのはかり知れない苦労と努力があった。一五(大正四)年神戸工場閉鎖後二人は新橋工場に移り、森は南満州鉄道を経て名古屋高等工業学校校長となった。太田は川崎造船所兵庫分工場で鉄道院標準形蒸気機関車の設計・製造にたずさわり、ともに日本における蒸気機関車製造技術確立の礎を築いた。現在、京都大学総合博物館が保存・展示する2Bテンダ式大形木製蒸気機関車模型▲は、機関車工学用教材として使われた可能性がきわめて高い。

鉄道国有化に関する技術的課題

　一九〇五(明治三十八)年日露戦争が終結した。翌〇六年三月、帝国議会で鉄道国有法案が可決されると、同年十月から民間資本で建設された幹線的私鉄など一七社があいついで国に買収され（同年十月北海道炭礦鉄道、甲武《こうぶ》鉄道、十一月日本鉄道、岩越《がんえつ》鉄道、十二月山陽鉄道、西成《にしなり》鉄道、翌年七月北海道鉄道、九州鉄道、八月京都鉄道、阪鶴《はんかく》鉄道、北越《ほくえつ》鉄道、九月総武鉄道、房総鉄道、七尾鉄道、徳島鉄道、十月関西鉄道、参宮《さんぐう》鉄道）、国内に鉄道のネットワークを形成した。この目的は「富国強兵・殖産興業」政策に基づく鉄道輸送を介した国内経済の発展と、軍事輸送網確保と考えられる。

鉄道による兵員と軍需物資輸送は、一八七七年の西南戦争時すでにおこなわれていたが、日清戦争での成功事例をふまえて、日露戦争では迅速な兵員輸送ができるなど、軍事面での鉄道の有用性はますます高まり、作戦展開上きわめて重要な存在と位置付けられた。大都市とその近郊を結ぶ都市間連絡私鉄の一部や地方中小私鉄（低規格の軽便鉄道▲）を除き、全国に敷設された幹線的私鉄は三フィート六インチ（一〇六七㎜）軌間を採用しなければ認可されず、これが直通運転の可能性を確実にした。しかし、各私鉄では敷設された地形やニーズにあわせた独自の車両設計がなされ、そのまま車両を使うことはできなかった。このため全国的な車両運用のためにはまずこの規格化と標準化が先決で、さら

▼**軽便鉄道**　幹線鉄道に比べて建設基準が低く、輸送量も少ない鉄道をいう。軌間は二フィート六インチ（七六二㎜）が主流だが、三フィート（九一四㎜）や二フィート（六一〇㎜）も存在した。

に運賃統一や運転系統整備といったソフト面での対策も必要であった。

車両間をつなぐ連結器にも問題があり、連結器の高さや形式が異なるものは全国的な直通運転ができなかった。特に中央に螺旋《らせん》と鈎《かぎ》・鎖を、左右に緩衝器《かんしょうき》を持つフック・リンク・バッファ式連結器▲では将来増大するであろう旅客数や貨物量におのずと限界があり、さらに連結手が緩衝器に挟まれ死亡する事故も多発したため、連結性能が高くより安全な自動連結器▲に交換すべきとの声が高かった。自動連結器への一斉交換という歴史に残る大事業を計画し実行させたのは、関西鉄道から鉄道院▲に移り工作課長となった島安次郎であった。彼は客貨車が工場に入場する際、車両床下に自動連結器を吊り下げ、技術系職員以外にも交換作業の訓練を実施するなど、連結器交換への準備をすすめた。

一九二五(大正十四)年七月、客貨車の連結器一斉交換を実施し、蒸気機関車は機関庫で交換された。この時、島安次郎は自らが主張する鉄道広軌化計画案が議会で採択されなかったため鉄道院を辞し南満州鉄道に移っていたので、実際の作業責任者は後任の朝倉希一《きいち》▲が担当した。

▼フック・リンク・バッファ式連結器　三五ページ参照。

▼自動連結器　現在の日本で多用される連結器。互いに衝突させると鎖錠され連結が終了する。

▼鉄道院　一九〇八年成立。鉄道監督・実務施行に係る官庁で内閣直属。国内の鉄道・軌道と南満州鉄道会社に関する事項を統轄、東部(上野)、中部(新橋)、西部(神戸)、九州(門司)、北海道(札幌)の五鉄道管理局をおいた。

▼朝倉希一　九六ページ参照。

鉄道院標準形車両設計・製造の動向

一九〇八(明治四十一)年発足した鉄道院では、全国的使用を前提とした国産標準形車両の設計が計画されていた。その前段階として国有化により編入された多種多様な機関車の整理をおこなわなければならなかった。これと並行して標準形蒸気機関車の設計に着手、旅客用2Bテンダ式機関車6700形(一九一一〜一二：汽車製造会社、飽和《ほうわ》蒸気式▲、四六両)、2Bテンダ式6750形(一九一二：川崎造船所、過熱蒸気式、六両)、6760形(一九一四〜一八：川崎造船所、過熱蒸気式、八八両)、旅客用1Cテンダ式機関車8620形▲(一九一四〜二九：汽車製造会社、過熱蒸気式、六八七両)、2C1テンダ式機関車C51形(一九一九〜二八：鉄道院浜松工場、過熱蒸気式、二八九両)、そして貨物用1Dテンダ式機関車9600形▲(一九一三〜三六：川崎造船所、過熱蒸気式、七七〇両)などが次々と誕生した。過熱蒸気式はドイツで開発された技術で、ボイラで生じた飽和蒸気を煙管《えんかん》内の過熱管に再度通し三五〇〜四〇〇℃まで高めてシリンダに送る方式で、飽和蒸気式に比べ蒸気効率が向上し燃料節約も可能といった長所がある。

6700形は国産初の2Bテンダ式機関車で、それまでにない直径一六〇〇

▼**飽和蒸気式**　ボイラで発生した蒸気を蒸気溜に貯蔵しシリンダに送って動力を得る方式。

▼**8620形と9600形**　これらはいずれも大正期を代表する国産の名機関車で、現在でも多数が各地に保存されている。

㎜動輪と機関車台枠外側にワルシャート式弁装置▲が採用された記念すべき機関車である。これを過熱式に改良したのが6750形、6760形である。

9600形は貨物用として高馬力を得るため、石炭を燃焼させる火室《かしつ》火格子《ひごうし》面積を大きくし、これを動輪上部においた。この結果ボイラ中心高さがレール面上二五九四㎜にもなり狭軌用機関車としては当時最大であったが、走行時の不安定さはなく性能も良好であった。この設計のオリジナルは、当時のドイツの鉄道でも、また見本として輸入されたドイツ・ボルジッヒ社製2Cテンダ式機関車8850形▲にも採用されていた。こうした設計上の考慮は、将来の標準軌化も比較的容易にした。後年、9600形の一部は改軌され中国大陸に渡ったが、改造にあたり先の標準軌化設計が役立った。この機関車は性能も使い勝手も良好で、日本が蒸気機関車の使用を廃止した一九七〇年代まで生き残り、現在も京都市の梅小路蒸気機関車館はじめ全国各地で多数が保存されているほどである。

8620形は将来標準軌が導入された時でも火室拡大ができるような準備と、高速時の走行安定性をはかるため先輪と第一動輪を特殊リンクでつなぎ、2B

▼ワルシャート式弁装置　鉄道省制式蒸気機関車に採用された弁装置で、現在保存される蒸気機関車の大多数はこの弁装置を持つ。弁装置駆動機構が機関車台枠外側にあり、保守が容易といった長所がある。

▼8850形　一九一一年ドイツのボルジッヒ社製2Cテンダ式機関車で、主動輪は第一動輪である。発注から納入までわずか二カ月という驚異的な早さで知られ、同社の機関車製造能力の高さを物語る。国産機関車設計の基本を提供したばかりでなく、川崎造船所でこの機関車をデッドコピーした同形機が一二両製造された(写真四二ページ)。

形機関車のような作用をする巧妙な設計(クラウス・ヘルムホルツ式の改良で、島式とよばれる)がなされた。さらに、6760形と共通のボイラ・シリンダを使い、同時期に大量生産された。

いずれも設計の参考にしたのは技術的に優れたドイツからの輸入機関車であり、これに当時の社会的ニーズ、気候風土や使用線区の状況、日本人の体格にあわせた操作性など、国情にあわせて独創性に富む最適設計がなされていた。

これら一連の標準形蒸気機関車を製造したのは、鉄道院指定工場として技術力の高さを認められた、民間の汽車製造会社と川崎造船所であった。この時から島安次郎の方針により、鉄道院と民間車両製造会社との業務分担制度が始められ、それまで車両製造を担った鉄道工場は車両の保守・補修を専門とする現在の鉄道工場の姿ができあがった。

これは同時に、民間の機械工業分野での技術力を高める作用も果たしたことを忘れてはならない。鉄道は造船や造兵分野とともに、日本の工業化を一段と進めるための大きな原動力となった。

●——8850形

●——1800形

●——9750形

勾配線の克服と電化

日本は国土のほとんどが山地であるため、勾配線の存在は避けて通れない宿命である。このため早くから勾配線に対する技術導入が課題とされた。車両面でも一八八〇(明治十三)年に開業した東海道本線京都—大津間の勾配線用に、軸重《じくじゅう》の大きいCタンク式１８００形蒸気機関車▲(一八八一年キッツオン社製：一九六五年準鉄道記念物、二〇〇四年鉄道記念物指定)が導入されている。

国内で知られる勾配線には旧東海道本線(現在は御殿場線)国府津(神奈川県)—沼津(静岡県)間、信越本線横川(群馬県)—軽井沢(長野県)間(現在は廃止)、奥羽本線福島—米沢(山形県)間などがある。

御殿場線では外国から輸入された大形テンダ式機関車や複式(マレー式)▲機関車(低圧・高圧二組のシリンダを前後に持つ機関車で動輪は三軸ずつある)の後押しにより運転した。途中の山北(神奈川県)には機関区がおかれ、鉄道の町として賑わった。

信越本線横川—軽井沢間には最急勾配一〇〇〇分の六六・七の区間が連続していた。直江津(新潟県)から延びてきた官鉄を高崎(群馬県)を経て東京に連絡

▼1800形　写真前ページ。

▼複式(マレー式)　９７５０形のようにシリンダを動輪の前後に持つ複式機関車がこれに該当する。

し、日本海側と太平洋側を結ぶ物流の重要ルートとして不可欠なものであったため、いくつかの建設案が検討され路線決定がなされた経緯がある。この勾配線にはドイツ・ハルツ山鉄道▲で使用実績のあるアプト式を採用、線路中央に設けられたラックレールに機関車側の歯車を噛み合わせ、これを併用して勾配線での列車運転をおこなった。

　使われた特殊蒸気機関車は一八九二年ドイツ・エスリンゲン社製３９００形Cタンク式、一八九五年イギリスのベイヤー・ピーコック社製３９２０形１Cタンク式、さらに一九〇六年汽車製造会社製３９８０形１C１タンク式機関車などである。とりわけ３９８０形のボイラは運転室側を高く、煙突側を低くし一五分の一勾配が付けられ油バーナも持ち、ブレーキも真空・空気・手用《しゅよう》など五種類を備える安全面への配慮がなされていた。また、トンネル入口に幕引き人を配し、列車がトンネルに入るとすぐ幕を引いて入口からの空気流入を遮断し、乗務員を煙から守る工夫もなされた。

　一方、日本海側で産出する石油は輸送安全上の配慮からいったん軽井沢駅構内でタンク貨車から抜き出され、トンネル脇に設置のパイプラインで横川駅構

▼ドイツ・ハルツ山鉄道　ドイツ・ハノーバ市南東約八〇㎞にある山地で、急峻な路線を登るため、ここにアプト式鉄道が敷設された。

●—10000形　凸形車体内に搭載した2台の大形電動機から、動輪3軸と歯車をロッドで駆動する輸入勾配線用電気機関車。1964年アプト式鉄道として鉄道記念物に指定。

●—10020形　箱形車体内に搭載の二台の大形電動機から、ロッドで動輪四軸とラックレールに噛み合う歯車を駆動する国産勾配線用電気機関車。一九六八年準鉄道記念物、二〇一八年重要文化財に指定。

●—狭軌・標準軌併用の試験線　機関車は標準軌改造された2120形2323号機が使われた。

内まで送り、列車の到着を待って再びタンク貨車に積み込むという、手間のかかる方法がとられていた。

これらの方法では輸送量に限界が生じるため早急に電化が計画され、この中心的役割を果たしたのが鉄道院工作課長、島安次郎であった。一九一二（明治四十五）年、蒸気機関車をドイツ・ＡＥＧ社製アプト式電気機関車１００００形▲（のちの形式ＥＣ40形で軽井沢駅構内に保存展示、六四年鉄道記念物指定）一二両に置き換え旅客列車の煙害を解消、運転上の安全性も高まり輸送量も向上した。度重なる輸送量増大にともない、この電気機関車を手本とし一九年から国産初の勾配線用電気機関車１００２０形▲（後の形式ＥＤ40形でさいたま市の鉄道博物館に保存展示、六八年準鉄道記念物指定）を鉄道院大宮工場で製造したが、当時は電気品製作に適当な材料がなく担当者の苦労が絶えなかった。

奥羽本線福島―米沢間には一〇〇〇分の三三勾配が随所にあり、一二年ドイツ・マッファイ社製Ｅタンク式蒸気機関車４１００形四両と、それを基に一四年川崎造船所で製造した４１１０形三九両が投入され活躍した。さらにここには勾配線上での列車分離や逆行に備えるためのキャッチサイディング（逸走《いっそう》し

▼10000形　前ページ参照。

▼10020形　前ページ参照。

た列車を逆勾配線で受けとめ停車させる施設）、駅構内を水平にし列車交換をおこなうスイッチバック、さらに豪雪地帯ゆえ鉄道防雪林も早くから手がけられるなど、勾配線克服のための努力の跡が産業遺産としてまだいくつか残っている。

広軌論の展開

鉄道の需要が高まると、幹線上の都市間を高速列車で結ぶ社会的ニーズが登場するのは当然である。とりわけ、東京―下関間に超高速列車を運転し、朝鮮半島経由で北京まで到達させる計画が浮上してきた。時の鉄道院総裁後藤新平▲は最重要幹線を標準軌（一四三五㎜）に改軌し超高速列車運転を実現するため、工作課長の島安次郎に建設計画作成を依頼した。島はこれに要する車両断面形状・寸法を制定し在来車両の改造計画も検討、建設に必要な経費見積りもおこなった。さらに技術面での可能性を確認するため、一九一七（大正六）年五月から八月にかけて、横浜線原町田―橋本間に狭軌・標準軌併用（デュアルゲージ）の試験線▲をつくり、ここで改軌した２１２０形２３２３号蒸気機関車と客車（三軸ボギー式、二軸ボギー式、二軸車各一両）と貨車三両を使い実地試験をおこな

▼**後藤新平**　一八五七〜一九二九年。岩手県生まれ。一八九八年台湾総督府民政局長、翌年台湾鉄道部部長となる。一九〇六年南満州鉄道会社初代総裁となり同社全線の標準軌化を実現し、二年後に桂太郎内閣の逓信大臣、鉄道院総裁となった。強力な広軌改築論者として知られる。

▼**狭軌・標準軌併用の試験線**　横浜線原町田―橋本間に敷設され、原町田―淵野辺間は四線、淵野辺―橋本間は三線とされた（写真四五ページ）。

い、技術面での可能性を検討した。ここでは狭軌と標準軌の車両も連結し、走行試験が繰り返された。

これらの結果から島は幹線の狭軌を標準軌に変える必要性を認め、改軌を主張することになる。これが有名な「広軌論」で、改主建従政策として政治の舞台に場を移し議論された。この政策を支持したのは、憲政会(後の民政党)であった。しかし政権の実権を握った政友会は狭軌による建主改従政策を主張して激しく対立、結局一九一九年建主改従政策が可決された。このため島は鉄道院を辞任し南満州鉄道に移ったが、三九(昭和十四)年再び幹線調査委員会委員長として標準軌による弾丸列車計画に参加することになる。この計画は戦時色が濃くなったため中断されたが、用地買収もまた丹那《たんな》トンネル工事も部分的に始まっていた。標準軌への改軌と弾丸列車計画が、戦後のビッグプロジェクトである新幹線建設と密接に関わっていることはいうまでもない。

民間鉄道車両製造会社の誕生

ここでは、国内の民間車両製造会社のいくつかを、簡単に説明してみよう。

▼**改主建従政策と建主改従政策**　前者は幹線鉄道の広軌化を優先させ、国内の鉄道線建設を後回しにするという政策で、憲政会の政治的主張。後者はこの逆で、全国の鉄道網を充実させ国内発展を目指す政策で、政友会の主張と合致した。

▼**弾丸列車計画**　中国大陸への旅客数増加と東海道・山陽本線の輸送能力の限界から、東京—下関間に新幹線建設が計画され幹線調査委員会が設置された。標準軌による別線で複線、最高時速二〇〇㎞、全区間を九時間で走破する計画であった。一九四〇年の帝国議会で承認、用地買収やトンネル工事が開始されたが、戦争の激化により四四年、計画は中止された。

汽車製造会社

汽車製造会社（以下、汽車会社と略す）は一八九六（明治二十九）年創業で、鉄道《てつどうの》頭《かみ》井上勝▲が民間工業力の育成と向上をねらい鉄道車両国産化を提唱、自ら官を辞して設立した。当初は大阪汽車製造合資会社と称したが、一九〇一年やはり初期の民間車両会社の一つで、客貨車製造を得意とする平岡工場（平岡熙《ひろし》▲が一八九〇年創業）と合併、東京への進出基盤をつくった。

平岡熙は鉄道局新橋工場初代工場長を経て平岡工場を創業、一八九六年東京・小石川の東京砲兵工廠《こうしょう》（現在の後楽園一帯で旧水戸藩上屋敷、銃や野砲の製造をおこなった軍の工場）内で製造を開始した。その後、東京・錦糸町に移転した。大阪汽車製造合資会社と平岡工場の合併後、平岡工場は大阪汽車製造合資会社の東京支社となり、錦糸町から江東区南砂町に移転、広大な敷地を有する大工場となった。その跡地は大規模住宅団地に転用されている。鉄道院指定工場になったのは一九一二（大正元）年である。

同社は鉄道車両のほかにも、橋梁、工作機械（車輪旋盤）、汽缶《きかん》（ボイラ）、駅構内の跨線橋▲なども製造していた。

▼**井上勝**　一八四三〜一九一〇年。山口県生まれ。一八六三年伊藤博文らとイギリスに密航、ロンドン大学で土木学と鉱山学を学び六八年帰国。七〇年工部省設置にあたり同省役職を務め、翌年鉄道寮鉄道頭、九〇年鉄道庁長官となる。九六年大阪汽車製造合資会社を設立、同社社長。

▼**平岡熙**　一八五六〜一九三四年。徳川一橋家の家老の家に生まれた。一八七一年渡米しサンフランシスコでドック上を走る蒸気機関車を見たのが、車両製造への道となった。キンクリー機関車工場で三年間製造を学び、七七年帰国。帰国後は鉄道局新橋工場で車両製造に従事、同時に日本に野球も伝えた。八三年新橋工場工場長、九〇年平岡工場を設立。

▼**跨線橋**　次ページ頭注参照。

▼跨線橋　東海道本線河瀬駅では、汽車製造会社一九一五年製の鋳鉄製跨線橋支柱が長く使われていた。これは鉄道院が定めた跨線橋の定規に従って建造された標準形の一つ。支柱部を同駅に保存。

工作機械では車輪旋盤《せんばん》がある。鉄道工場での重要な保守・補修作業の一つに、走行によって摩耗《まもう》変形した車輪踏面《とうめん》（レールとの接触部分）を規定形状寸法に削り直す作業（削正作業）があり、運転上の安全性維持には不可欠である。この作業に使われる工作機械が車輪旋盤（機関車動輪では動輪旋盤）である。

汽車会社では一九〇一（明治三十四）年、住友鋳鋼《ちゅうこう》所（現、日本製鉄）向けに国産初の車輪旋盤を、また関西鉄道や官鉄にも同系機種を納入しているが、これらのプロトタイプはイギリスの蒸気機関車製造会社シャープ・スチュアート社から一八九七年輸入された面板《めんばん》直径四二インチ（一〇六七㎜）の車輪旋盤であった。このの ち車輪旋盤は同社オリジナル商品の一つとなり、国内にかなりの数が供給された。しかし、最近は数値制御（ＮＣ）装置付き車輪旋盤による削正作業が可能になり、熟練技能者の腕に頼る時代は終わりつつある。またボイラでは、田熊式蒸気ボイラ（田熊常吉《たくまつねきち》▲の特許と製造になる）を国内で一手に製造販売し、その製造技術が蒸気機関車にも応用されていた。

同社初の蒸気機関車は一九〇一年台湾総督府鉄道向け１Ｂ１タンク式だが、代表作は官鉄に納入の２３０形タンク式機関車▲で、大阪の交通科学博物館に２

３３号(一九八六年準鉄道記念物、二〇〇四年鉄道記念物指定)が美しい姿で一両保存展示されている。さらに蒸気動車といって、客室片側に機関室(小形ボイラと制御用蒸気弁などがある)をおき、その下の動力台車にシリンダと動輪を持つ比較的輸送量の少ない線区向けの外燃《がいねん》動車も一九〇八年から製造した。これは蒸気機関車と客車の機能を併せ持つ様式で、数は少ないがユニークな鉄道車両であり工藤式蒸気動車▲とよばれる同社の特許品であった。この中の一両、一二年製キハ６４０１号が愛知県のリニア・鉄道館で保存展示され、独特な外観や構造を見ることができる。二〇一九(令和元)年重要文化財に指定。

一九七二(昭和四十七)年、同社は川崎重工業(川崎造船所の後身)に吸収され、川崎重工となった。明治期に創業の鉄道院指定民間機関車製造会社は互いに縁があり、一つになったともいえようか。

川崎造船所

川崎造船所は一八七八(明治十一)年鹿児島県出身の川崎正蔵▲が東京・築地に創業、八六年工部省兵庫造船局の払い下げを受け、神戸に事業一切を移設した。日清・日露戦争時の好景気にわいたが、戦後は一転して不景気となり艦船《かんせん》受注

▼**田熊常吉**　一八七二〜一九五三年。鳥取県生まれ。独学で汽缶の構造や原理を学び実験を通して自らの考案を確認、一九一三年特許を取得。一九年京都大学で田熊式ボイラとバブコック式ボイラの性能比較試験が実施され、田熊式の優秀さが認められた。三六年田熊汽缶製造会社を設立。

▼**２３０形**　次ページ参照。

▼**工藤式蒸気動車**　リニア・鉄道館に保存展示されるキハ６４００形は一九一二年製で、六二年鉄道記念物に指定。

▼**川崎正蔵**　一八三七〜一九一二年。鹿児島県生まれ。一八七八年東京に川崎築地造船所を設立、八一年神戸の官有地を借り受け川崎兵庫造船所を開設した。八七年川崎造船所と改称し、九六年松方幸次郎に社長の座を譲る。

●──230形　軸配置１Ｂ１は当時の標準形。1986年準鉄道記念物、2004年鉄道記念物に指定され、京都の京都鉄道博物館に保存展示。2016年重要文化財に指定。

●──6760形　飽和式２Ｂテンダ式旅客用機関車6700形を過熱式に改良した6750形を経て8620形と共通のボイラ・シリンダ使用を考慮した機関車。

が激減した。そのため新しい事業の活路を鉄道に見いだし、それまで船舶《せんぱく》用鋳鋼品を製造した兵庫分工場で一九一一年から蒸気機関車の製造を開始した。これは同社建造の小形艦船用ボイラが大きさも性能も蒸気機関車のものと比較的似かより、機関車搭載形に設計変更することが可能だったからである。

同社製第一号機は一一年竣工の台湾・帝国製糖向け軽便用Ｃタンク式機関車だが、名声を高めたのは鉄道院指定工場になった後に製造された一連の国産標準形貨物用９６００形、旅客用６７６０形テンダ式蒸気機関車▲であった。これらは鉄道院から迎えた太田吉松が主要設計を担当した。太田はすでに述べたように、官鉄の神戸工場でＲ・Ｆ・トレヴィシックから機関車製造技術を授かった技術者である。

標準形蒸気機関車の幕開けといえるものが飽和式２Ｂテンダ式旅客用機関車６７００形で、イギリスから大量輸入された標準形テンダ式機関車５５００形や６２００形の後継機として、軸配置２Ｂをそのまま踏襲した。これに順次改良が加えられ、一四(大正三)年製造開始の過熱式旅客用２Ｂテンダ式機関車６７６０形で集大成した。この機関車は八八両すべてが川崎造船所製であった。

▼６７６０形　前ページ参照。

▼鉄道省　一九二〇年鉄道院の組織を継承する形で鉄道省が誕生した。鉄道業務と私鉄監督行政が主要任務であった。

同社は二八(昭和三)年、鉄道車両部門を分離独立して川崎車輛、川崎重工業を経て七二年汽車会社を合併、川崎重工から川崎重工業と再改称した。

日本車輛製造

日本車輛製造(以下、日本車輛と略す)は一八九六(明治二十九)年客貨車製造を目的に愛知県名古屋市に創業した。近隣の鉄道車輛製造所と張り合い、さらに一九二〇(大正九)年、東京で客貨車製造を得意とした天野工場(一八九七年天野仙輔が創業)を傘下に収め、東京への進出をはかった。同社初の蒸気機関車は一九一九年製造の小形Bタンク式機関車(軽便《けいべん》鉄道向け)であった。また客貨車には本領を発揮し、官鉄もさることながら私鉄向けに多くの車両を供給したことで知られる。それらの多くは鋼製台枠で、木製車体かあるいは半鋼製車体の二軸車かボギー車で、大都市近郊の私鉄や全国の地方私鉄に多数納入された。

同社を有名にしたものに内燃《ないねん》動車がある。これは客車の一端あるいは床下に内燃機関(ガソリンまたはディーゼル機関)を搭載、自力走行可能な鉄道車両で気《き》動車《どうしゃ》ともよばれる。

鉄道省▲が三〇年から使用したガソリン機関搭載の内燃動車キハニ(キは内燃動

車、ハは三等客室、ニは荷物室）5000形▲に先立ち、同社では二七年、軽便鉄道（幹線鉄道に比べて全体的に低規格の鉄道で軌間七六二㎜が主体）向け二軸小形ガソリン動車を開発した。これは運転席が片方にしかない自動車とほぼ同一構造の小形車両で単端式《たんたんしき》▲と呼ばれた。岡山県の井笠《いかさ》鉄道▲に二両、さらに翌年にかけて近隣の軽便鉄道（下津井《しもつい》鉄道・三蟠《さんばん》鉄道・鞆《とも》鉄道）にも改良形を納入した。キハニ5000形が機関に池貝鉄工所製舶用《はくよう》ガソリン機関を使用、車体も当時の大形半鋼製客車とほぼ共通設計としたのに比べ、同社製小形ガソリン動車は輸入品の小馬力自動車用機関（フォード社製ほか）を使い、車体軽量化にもつとめて、線路負担力の低い地方の軽便鉄道に販路を獲得した。これらの軽便鉄道は当時台頭してきた乗合自動車（バス）への対抗手段として、小形内燃動車を導入せざるを得なかったからである。

続いて同社では床下に機関搭載の両運転台形内燃動車の量産化も手がけるようになった。徐々に車体も大形化（片ボギー式▲、二軸ボギー式▲）し、標準化設計もなされ、同社製内燃動車は台湾・朝鮮・樺太を含む全国各地で輸送に活躍した。

▼**キハニ5000形**　鉄道省が設計した初の二軸ガソリン動車で、床下に池貝鉄工所製四八馬力機関一台を搭載する。冷却器が正面屋根上に取り付けられているのが外観上の特徴。重量が大きく力不足だった。

▼**単端式**　運転台が片方しかない内燃動車で、終点ではターンテーブルでの方向転換が必要。

▼**井笠鉄道**　岡山県西部の笠岡―井原間の軽便鉄道。一九七一年鉄道営業廃止。支線に北川―矢掛間、井原―高屋―神辺間があった。

▼**片ボギー式・二軸ボギー式内燃動車**　次ページ参照。

●──片ボギー式内燃動車　走行装置の片方が一軸(動輪)、もう一方が二軸ボギー式台車で構成される。動輪軸重が大きくなるため牽引力が増すが、機関出力が小さい時期に車体を大きくして収容力増大の努力の跡がうかがえる。日本車輌製内燃動車旧加悦鉄道キハ101号。

●──二軸ボギー式内燃動車　ボギー式台車を持つ、最も一般的な内燃動車。関東鉄道竜ヶ崎線キハ40402号は、日本車輌製内燃動車の一つ。

●──軽便鉄道向け内燃動車　雨宮製作所代表製品の一つとして良く知られる、旧磐梯急行電鉄ガソ101号。1930年製で、雨宮製作所ならではの独特のスタイルをしている。

雨宮鉄工所（大日本軌道・鉄工部、雨宮製作所）

汽車製造会社、川崎造船所、日本車輌製造などの鉄道車両メーカーはいわば大手筋であるが、これらのほかにも中小の鉄道車両メーカーが多数存在し、製造車両にかなりの独自性を発揮した。これらの代表格は何といっても、雨宮《あめみや》鉄工所であろう。

同社は一九〇七（明治四十）年、山梨県出身の実業家雨宮敬次郎《けいじろう》▲と、技術者藤田直道の共同経営により設立された。雨宮は豆相人車《ずそうじんしゃ》鉄道▲（六〜八人乗り客車を人力で押して輸送する方式の軽便鉄道で小田原―熱海間を運行）をはじめ、全国八カ所に蒸気動力による軽便鉄道を所有し地域輸送をおこなっていた。これらを〇八年統合し、大日本軌道▲を設立した。雨宮鉄工所も大日本軌道・鉄工部と改称、独自の車両設計をなし各地へ車両供給をおこなった。

一九一九（大正八）年、大日本軌道・鉄工部は雨宮製作所と改称、のちに標準化製品を掲載したカタログも出すなど一時は順調に経営を伸ばしたが、金融恐慌により三一（昭和六）年やむなく倒産した。同社の工場は東京市深川区和倉町（現、江東区深川二丁目と冬木の和倉橋付近）の運河沿いに所在し、材料搬入と製品

▼**雨宮敬次郎**　一八四五〜一九一一年。山梨県生まれの実業家。甲武鉄道・川越鉄道、北海道炭鉱鉄道にも関わり、一九〇八年独自に大日本軌道を設立した。

▼**豆相人車鉄道**　雨宮敬次郎が結核療養中に国府津から熱海への交通の不便さを実感し、一八九四年設立した日本初の人力による鉄道。九六年小田原―熱海間の全線が開通、一九〇五年熱海鉄道と改称し二年後に蒸気動力を導入、のちに大日本軌道小田原支社となった。

▼**大日本軌道**　大日本軌道は全国に八支社（福島・小田原・静岡・浜松・伊勢・広島・山口・熊本）あり、いずれも蒸気動力による軌間七六二㎜の軌道であった。

搬出はこの運河が使われていた。現在、跡地は公園になっている。

　蒸気機関車製造台数は約三九〇両で、中小メーカーにしては抜群に数が多い。二一年から雨宮製作所技師長をつとめた谷十二《じゅうじ》▲は、日本鉄道、鉄道院技師であり、一連の標準化製品は同氏の設計思想に基づくものである。同社の主な製品納入先は京王電気軌道（現、京王電鉄）など都市近郊と地方私鉄（軽便鉄道も含む）で、鉄道省にも多数の納入実績がある。

　同社のように地方私鉄を顧客に車両を供給したメーカーには、丸山車輌（一九二五年丸山惣治《そうじ》が創業、独自開発の丸山式自働《じどう》客車で知られる）、梅鉢《うめばち》鉄工所（一八八九年梅鉢安太郎が創業、帝国車輌工業を経て一九六八年から東急車輌製造・大阪工場）などがあり、メーカーの独自性が車両の外観や機構、機能面によくにじみ出ていて誠に興味深い。

▼谷十二　日本鉄道と鉄道院の技師をつとめ、雨宮製作所技師長として、同社の標準的な製品群の設計・製造を担当した功労者。

④—鉄道充実期の技術と社会

幹線平坦線の電化と電気機関車の国産化

勾配線とは異なり、幹線の平坦線で旅客列車牽引に使われる電気機関車（直流電気方式）の設計は、一九二二（大正十一）年から三度にわたり外国製電気機関車を輸入し、この製造技術を学ぶことから始められた。これには二五年の東海道本線東京—国府津《こうづ》間電化という背景があった。まずアメリカのウェスチングハウス・ボールドウィン両社製（機関車の電気品はウェスチングハウス社が、車体と走行装置はボールドウィン社が製造担当）１０００形（後のＥＤ10形）機関車が、続いてジェネラル・エレクトリック社、イングリッシュ・エレクトリック社、ブラウン・ボヴェリイ社などからあわせて旅客用四七両、貨物用一二両という大量の電気機関車が輸入された。

これらを実際に運転し比較検討した結果、ウェスチングハウス・ボールドウイン社製８０１０形（のちのＥＦ51形で軸配置１ＣＣ１）と６０１０形（のちのＥＤ53形→ＥＤ19形▲で軸配置１ＢＢ１）が性能面で優れ、これをモデルに鉄道省と民間

▼ＥＤ19形　国産電気機関車製造の手本とされた優秀機。貨物用に改造され長く飯田線で使用された。長野県箕輪町郷土博物館に保存展示される。

▼ＥＦ52形　本格的な国産幹線用電気機関車で、軸配置２ＣＣ２。一九七八年準鉄道記念物に指定。

機関車製造会社五社（三菱電機・芝浦製作所・川崎車輌・日立製作所・汽車会社）とが共同で国産電気機関車設計を始め、一九二八（昭和三）年日立製作所で鉄道省制式電気機関車ＥＦ52形▲が誕生した。この機関車設計では使用部品すべての標準化がなされ、後継機もこれを踏襲した。歴史的に意義あるこの一号機は大阪の交通科学博物館に保存展示されている（一九七八年準鉄道記念物、二〇〇四年鉄道記念物指定）。これを勾配線用に改良したＥＤ16形電気機関車は三一年三菱電機で誕生、上越線や中央線で活躍した。この第一号機も東京の青梅鉄道公園に保存展示されている（一九八〇年準鉄道記念物、二〇一八年重要文化財に指定）。

ＥＦ52形の後継機として歯車比を変え高速化をはかったＥＦ53形（軸配置２ＣＣ２）が一九三二年日立製作所で完成、この機関車は一九両が製造され、戦前のお召し列車牽引用機関車としても知られる。続いてＥＦ55形（軸配置２ＣＣ１：三六年日立製作所、運転台は片側だが先頭部に美しい流線形車体を持つ、三両製造）、ＥＦ56形（軸配置２ＣＣ２：三七年三菱電機、一二両製造）、ＥＦ57形（軸配置２ＣＣ２：四〇年日立製作所、一五両製造）、さらに現在のお召し列車牽引専用機であるＥＦ58形（軸配置２ＣＣ２：四七年日立製作所、流線形車体を持つ、一七五両製造）などが旅客用として製造された。このほか、貨物用ではEF10形（軸配置1CC1：三四年日立製作所、四一両）などがつくられている。

　電気機関車に必要な電気品や制御機器の製造技術は電気業界を刺激し、その分野の技術発展に貢献したことはいうまでもない。さらに民間三社は、三菱電機がウェスチングハウス社、芝浦製作所がジェネラル・エレクトリック社、東洋電機がイングリッシュ・エレクトリック社のように外国メーカーとの技術提携をおこない、これを自社製品にも反映させた。しかし日立製作所だけは自社独自の技術確立を目指し、外国との技術提携はなされなかった。二四年日立製作所では自らの技術力で貨物用電気機関車を製造した。これが1070形（軸配置BB：のちのED15形）である。同社製ED15形▲第一号機は茨城県の日立製作所水戸事業所で保存され、二〇一一年度機械遺産認定された。

　現時点において明らかな日本初の電気機関車は、一八九一（明治二十四）年栃木県の足尾銅山工作課が宮原熊三技師の指導でジェネラル・エレクトリック社製B形鉱山用電気機関車の図面からデッドコピー製造▲したものが嚆矢《こうし》とされる。また私鉄では、一九一六年大阪高野《こうや》鉄道▲（現在の南海電気鉄道高野線）堺東工場で

▼ED15形　軸配置BBの国産貨物用電気機関車で、日立製作所独自の力でつくりあげた記念すべき機関車。

▼デッドコピー製造　図面あるいは現物をもとにそっくりそのまま製造することをいう。製造面で学ぶことが多く、技術習得の一段階といえる。

▼大阪高野鉄道の凸形電気機関車　全長約九m、重量二〇・五トンで、車体は木製、アメリカのジェネラル・エレクトリック社製七〇馬力電動機四台を同国ブリル社製台車に搭載した。翌年、梅鉢鉄工所製台車と奥村電機製電動機を使った同形機を製造した。

●—日本における初期の電気機関車　　カッコ内の数字は車両数

製造年	官鉄	私鉄	産業・工事用
1893			足尾(1)自社
1895			足尾(2)SH
1899			笹子トンネル(1)GE
1900			足尾(10)石川島 北炭空知(5)WH
1901			足尾(7)自社 小坂(?)足尾?
1903			八幡製鉄(3)AEG
1908			三池(2)GE
1909			三菱鯰田(1)三菱
1910			三池(6)GE
1911	EC40(12)AEG		日立(?)自社 三池(4)SS
1915			三池(6)三菱
1916		大阪高野(1)自社	
1917		大阪高野(1)自社	三池(2)三菱 丹那トンネル(4)三菱
1919	ED40(3)大宮		
1920	ED40(6)大宮	京都電灯(4)梅鉢	三池(2)三菱 東京電灯(14)JEF
1921	ED40(2)大宮	駿豆(1)雨宮・東洋 下野(2)日車・三菱	
1922	ED40(2)大宮 ED10(2)WH	南海(4)日車・三菱 秩父(5)WH 鳳来寺(1)EE 豊川(1)EE	岩城炭鉱(3)日立 日本セメント上磯(3) 汽車・東洋
1923	ED40(1)大宮 ED11(2)GE ED12(2)BB ED50(6)EE	伊那(6)芝浦 宇部電気(1)AEG 愛知(1)日車 武蔵野(3)WH 揖斐川(2)日車 南海(1)梅鉢 丸子(1)GE	日立(1)? 鉄道省(4)日立

外国メーカー略称

AEG：Allgemeine Elektrizitäts Gesellschaft
BB：Brown Boveri
EE：English Electric
GE：General Electric
JEF：Jeffrey Manufacturing
SH：Siemens Halske
SS：Siemens Schuckert
WH：Westinghouse

▼スプレーグ式電車　日本最初の電車で、車体長一七尺(約五・一m)だった。敷設された線路は一七〇間(約三一〇m)、軌間四フィート六インチ。東京電灯神田第四電灯局から電気が給電された。

製造された凸形機が初めてである。現存するものの中で最古の存在は福岡県の旧三池炭鉱専用鉄道に在籍し、現在も同県大牟田市により保管されている一九〇八年ジェネラル・エレクトリック社製一五トンB形電気機関車である。日本における初期の電気機関車の一部を、別表(前ページ)にまとめて示す。

電車と都市交通機関の発達

電車は私たちにとって最も身近な鉄道車両といえるだろう。日本で都市交通機関として最初に登場したのは、電車ではなく馬車鉄道であった。一八八二(明治十五)年東京馬車鉄道が新橋―日本橋間を開業させた(のちの東京都電で、この区間は一九六七年廃止)。

一八九〇年東京電灯会社(現、東京電力)の藤岡市助技師長がアメリカ製スプレーグ式電車▲二台を輸入、東京・上野公園内で開催中の第三回内国勧業博覧会で展示運転した。これがわが国初の電車運転であり、使用電圧直流五〇〇ボルト、架線からポールを使って集電し一五馬力電動機一台を駆動、定員は二二名であった。

この運転が評価され、電車を都市交通機関として使う計画が実現したのは九五年で、琵琶湖疎水竣工による蹴上《けあげ》発電所からの電気を使い、京都電気鉄道が東洞院通塩小路下《ひがしのとういんどおりしおこうじさが》ル七条停車場《しちじょうていしゃじょう》―伏見町油掛通《ふしみまちあぶらがけどおり》間六・七km(単線)で、一六両の電車による日本初の営業運転を開始した。現在、愛知県の博物館明治村では、この電車の増備車(車体が長くなっている)二両を動態保存運転しており、二軸単台車と電動機はさいたま市の鉄道博物館に保存展示されている。

幹線での電車運転は国に買収される前の甲武鉄道(現、JR中央線の一部)が、一九〇四年に飯田町―中野間で大形二軸電車を運転したのが最初である。甲武鉄道飯田町工場で車体を組立て、アメリカのジェネラル・エレクトリック社製四五馬力電動機二台を同国ブリル社製単台車に搭載していた。車体全長三三フィート(一〇〇五八㎜)、固定軸距一〇フィート(三〇四八㎜)で運転室は解放式、モニタールーフ構造・ポール集電であった。この電車のうちの一両(ハニフ1号)が、さいたま市の鉄道博物館に保存されている。

続いて〇九年、鉄道院は烏森《からすもり》(現在の新橋)―上野間、池袋―赤羽間で電車運転を開始した。運転当初は烏森―上野間が現在のように高架《こうか》線で結ばれていなかったため、烏森—品川—新宿—池袋—田端—上野という路線で運転された。これは現在の山手線の前身で、当時は院線《いんせん》電車（のち省線《しょうせん》電車）とよばれた。この時走った電車ホデ1形は両端解放式運転台で、当時の路面電車の車体を延長しボギー式にしたスタイルであった。さらに鉄道院新橋工場で製造された電車ナデ6110形▲は運転台が室内に入り三扉車になったが、ダブルルーフ構造・ポール集電は変わらなかった。茨城県の日立電鉄から里帰りし復元されたこの電車は、二〇一七（平成二十九）年重要文化財に指定された。

一九一四（大正三）年中央停車場（東京駅丸の内側）完成にともない、東京—横浜間に電車が運転された。この開業に間に合わせるべく、試運転も不十分なまま営業運転を開始したため、架線からパンタグラフ（集電子がローラ式で現在のシュー式とは異なる）が離線、初日からトラブルが続出した。このため仙石貢《せんごくみつぐ》▲鉄道院総裁名の謝罪記事を新聞に掲載、いったん電車運転を中止し翌年から運転を再開した経緯がある。これは一つの失敗事例だが、むしろ技術適用上の良い経験と教訓になり、事故原因分析による集電装置と架線システムの改善に向けた取り組みがなされた。

▼ナデ6110形電車　山手線を走ったボギー式電車。同系車6141号が一九七二年鉄道記念物に指定され、さいたま市の鉄道博物館に保存されている。

▼仙石貢　一八五七～一九三一年。高知県生まれ。一八七八年帝国大学卒業、八四年から鉄道局で日本鉄道や甲武鉄道の建設に関わった。八八年欧米出張の際アプト式鉄道を見学・調査し、これを横川—軽井沢間の碓氷峠に敷設することに尽力。のちに筑豊鉄道専務取締役、九州鉄道との合併後は副社長を経て九八年社長。一九一四年鉄道院総裁、二四年鉄道大臣、二九年南満州鉄道総裁。

現在のように山手線が環状線としての運転を始めたのは、東京—上野間が高架線で開通した一九二五年からである。すでに京浜間には電車運転がなされていたが、二三年の関東大震災による被災もあり、この区間の開業が遅れたといわれる。当時の山手線の運転間隔は通常一二分、混雑時五〜七分で、頻発《ひんぱつ》運転の様子がわかる。この結果、従来の主要な都市交通機関であった路面電車の利用者が減少するといった影響も見られた。

電車に不可欠な電動機は初期の段階では芝浦製作所や三吉《みよし》電気(一八八三年三吉正一▲により創業)などが国産化したが、大多数は輸入品に頼っていた。第一次世界大戦が始まるとヨーロッパやアメリカからの輸入品が途絶えたため、鉄道院は一九一六年大井工場で輸入品の五〇馬力電動機を解体・スケッチし、これを試作した。結果が良好だったため翌年から製造に着手し、三菱電機、芝浦製作所、日立製作所、東洋電機など国内メーカーも続いて生産に入り、国産電動機を搭載した電車が走りはじめるのは二〇年頃からである。

鉄道輸送の需要が高まるにつれて、電車運転はその利便性が高く評価された。大都市をはじめ各地で盛んに導入され、最初から電気動力で開業する私鉄もあ

▼**三吉正一**　一八五三〜一九〇六年。山口県生まれ。官営富岡製糸工場に入り足踏み式製糸機を発明し、内国勧業博覧会に出品した。のちに東京電信学校に学び電信機械の製造を習得、電線用絹巻き機械を発明した。八三年三吉工場を設立、八五年藤岡市助の設計による国産初の一五kW直流発電機を完成させ、電球製造や水力発電所建設にも尽力するなど、電気・電力分野で活躍した。

いついだ。

その理由としては、従来の蒸気機関車列車では煤煙による公害が生じ頻発運転がしにくく、駅間距離が短いとスピードアップができない、終端駅での機関車付け替え作業が必要、遠距離送電技術が開発され大出力水力発電所が建設された、石炭価格の高騰などがあげられる。

ところで、軍港横須賀（神奈川県）への鉄道は、一八八九年大船—横須賀間が軍の要請により開業した。当初は蒸気機関車列車が運転されたが、一九二四年電化された。使用された電気機関車は、ウェスチングハウス・ボールドウィン両社製１０００形（のちのＥＤ10形）、イギリスのイングリッシュ・エレクトリック社製１０４０形（のちのＥＤ17形）などであった。三〇（昭和五）年になると電車運転が開始され、省線電車の名車モハ32系▲が投入され活躍した。この電車は第二次世界大戦後にモハ70系が投入されるまで同線にとどまり、その後は飯田線など地方線区に転用され長く愛用された。現在はモハ70系の後継車モハ１１３系に代わり、第四世代のＥ２１７系が通勤路線となった横須賀線で活躍している。

▼**モハ32系電車**　次ページ参照。なおモは電動車でこの当時は運転台付電動車のこと。

●—モハ32系電車　車体長17mながら室内座席は扉付近を除きクロスシートで、長く横須賀線の主役として活躍した。1931年この電車による密着連結器試用試験が実施され好成績をおさめたため省線電車への全面的採用が決まった。

●—DC10形ディーゼル機関車

▼**松山人車鉄道の客車**　八人程度の乗客を乗せ、人が押して走った小形客車。

▼**東京高速鉄道・新橋駅**　渋谷から路線を延ばした東京高速鉄道の新橋駅が現在も残り、夜間の電車留置用に使われている。

これとは正反対に、人力で小形客車を押す人車《じんしゃ》鉄道も都市近郊や地方に開業した。人力車が日本で発明されたように、比較的低賃金で雇用できるマンパワーを鉄道に応用した典型的事例といえる。神社仏閣参詣や小単位の旅客輸送、貨物輸送を目的に軌道が敷設されたが、中にはかなり長い路線を持つものもあり、軌間は二フィート（六一〇㎜）や二フィート六インチ（七六二㎜）が多かった。宮城県大崎市の松山ふるさと歴史館には松山町駅と町中とを結んでいた松山人車鉄道の客車▲が保存展示されている。人車鉄道は最後まで人力で通したもののほか、動力を蒸気や内燃（ガソリン）に変更（あるいは併用）したものもある。

都市交通機関として主役を担った路面電車に加えて、一九二七年日本初の地下鉄、東京地下鉄道浅草—上野間が開業した。これは新橋まで延長され、渋谷から路線を延ばしてきた東京高速鉄道と新橋駅▲で接続した。東京高速鉄道は東京地下鉄道を合併しようとしたが、四一年帝都高速度交通営団が設立、譲渡された。これが現在の東京地下鉄銀座線である。

今日では札幌から福岡までの政令指定都市の多くに地下鉄が開業し、都市機能を支える重要な交通機関として、通勤・通学をはじめ地域の重要な足として毎日活躍している。

内燃機関車の変遷

鉄道省では第一次世界大戦の賠償の一部としてドイツから二両の内燃(ディーゼル)機関車を輸入し、これを基に国産機関車の設計を計画した。これらがＤＣ10形とＤＣ11形▲である。ともに軸配置１Ｃ１の機関車で、前者は一九三〇(昭和五)年クルップ社製、動力伝達は機械式(歯車変速機方式)、後者は一九二九年エスリンゲン社(電気品はブラウン・ボベリイ社)製で、動力伝達方式は電気式(車内搭載機関で発電機を駆動、直流電気を発生し二台の電動機を駆動する方式)であった。この機関車には新設計のエムアーエヌ社製六〇〇馬力機関が使用された。自重が六〇トンもあるこれらの機関車は、神戸港に到着後ただちに鷹取工場(神戸市)でいったん完全に解体され、構造や部品のスケッチが徹底的におこなわれた。再組立て後は神戸港の臨港線でもっぱら入換用として使用された。

この成果をもとに、鉄道省と新潟鉄工所・芝浦製作所・三菱電機・川崎車輌・日立製作所の共同設計による幹線向けＤＤ10形ディーゼル機関車が一両、

▼**ＤＣ10形・ＤＣ11形**　ともに六〇〇馬力ディーゼル機関搭載のＣ形ロッド式機関車だが、国内での活躍期間は短かった(ＤＣ10形の写真六八ページ)。

▼民間車両製造会社製内燃機関車
上武鉄道D1001は池貝鉄工所製ディーゼル機関を搭載、ジャック軸とロッドで動輪を駆動した。

川崎車輌で一九三六年に製造された。新潟鉄工所製五〇〇馬力機関と三〇〇キロワット発電機を車内に搭載し、一〇〇キロワット電動機四台を軸配置A1A・A1Aの台車内に装備する箱形車体のこの機関車は小山機関区（栃木県）に配属され使用された。しかし戦時色が濃くなるにつれて使用されなくなり、戦前における鉄道省の幹線用ディーゼル機関車の製造はこれで終了した。このほか、一九三二年入換用ディーゼル機関車DB10形が八両製造された。池貝鉄工所と神戸製鋼所製六〇馬力機関を搭載する二軸ロッド式駆動の機械式小形機関車であったが、四三年廃車された。

一方、民間車両製造会社でもこの時期、ディーゼル機関車を製造した。一九三一年日立製作所が池貝鉄工所製一五〇馬力機関を搭載した機械式B形機関車を千葉県の成田鉄道に納入、さらに三七年日本車輌が池貝鉄工所製九〇馬力機関を搭載した機械式B形機関車を製造、茨城県の鹿島参宮鉄道に納入した。その後、この機関車は東京の西武鉄道を経て埼玉県の上武鉄道▲（旧日本ニッケル鉄道）に譲渡され混合列車牽引に使われたが、一九六〇年まで当初の機関を搭載していた。

輸入機関車ＤＣ10形、ＤＣ11形は一九四四年、国産機関車ＤＤ10形は四七年それぞれ廃車になった。戦後、国鉄においてディーゼル機関車が完成するのは、五三年の電気式ＤＤ50形と五四年の液体式ＤＤ11形である。この後、民間機関車製造会社は独自の設計によるディーゼル機関車を試作、国鉄線上でも運転された。こうした過程を経て、五七年ＤＦ50形▲、五八年ＤＤ13形▲、六二年ＤＤ51形▲、六六年ＤＥ10形などの標準形ディーゼル機関車が量産開始され、幹線・地方線区の動力近代化に多大な貢献をしたことは特筆すべきことがらである。

内燃動車の変遷

鉄道省の内燃動車は一九二九(昭和四)年に製造された池貝鉄工所製四八馬力ガソリン機関搭載の機械式キハニ５０００形に続き、客室一端に池貝鉄工所製二〇〇馬力ガソリン機関と一三五キロワット発電機を搭載した電気式キハニ３６４５０形(一九三一年)、続いて量産形をねらった半流線形車体の機械式キハ３６９００形(後のキハ４１０００形▲)が三二年から、これをさらに大形化した流線形の機械式キハ４２０００形▲が三四年から製造された。いずれも鉄道省主導

▼**ＤＦ50形**　次ページ参照。

▼**ＤＤ13形**　一九五八年から大量に製造された軸配置ＢＢの入換用液体式機関車。車体は凸形で運転台前後に機関室があり、ＤＭＦ31形機関二台を搭載した七四〇馬力の機関車。同系車が私鉄向けにも多数つくられた。

▼**ＤＤ51形**　一九六二年ＤＦ50形の後継機として製造された軸配置Ｂ２Ｂの幹線用液体式機関車で、一〇〇〇馬力ディーゼル機関二台を搭載する凸形機関車。現在も全国で活躍している。

▼**キハ41000形・キハ42000形**　鉄道省標準形内燃動車の両翼で、前者は同省技術陣開発のＧＭＦ13形ガソリン機関、後者はそれをパワーアップしたＧＭＨ17形ガソリン機関を床下に搭載、歯車箱による変速機を持つ機械式で軽量化を十分考慮し車体設計された。

●──ＤＦ50形　1957年から量産された軸配置ＢＢＢの幹線用電気式ディーゼル機関車で、新三菱重工がスルツァー社と技術提携した1060馬力ディーゼル機関一台を搭載。翌年、日立製作所と川崎重工がエムアーエヌ社と技術提携した1200馬力ディーゼル機関一台を搭載した機関車が登場。

●──キハ41000形

●──レールバス　キハ10000形など三形式が1954年から登場、のちにキハ01〜03形となった。一両が北海道の小樽市総合博物館に保存展示され、1967年準鉄道記念物指定。

▼日野DA55形ディーゼル機関
第二次世界大戦後、都市内の大量輸送用に設計された日野重工業（現在の日野自動車工業）製トレーラバスに搭載のディーゼル機関。国鉄ではこれを戦前製内燃動車キハ41000形のディーゼル化に積極的に適用し、頻発運転用に充当した。

で川崎車輌・新潟鉄工所設計のGMF13形ガソリン機関（一〇〇馬力）、GMH17形ガソリン機関（一五〇馬力）を床下に搭載、車体断面の小形化、平鋼組立て・転がり軸受による軽量台車、簡易形連結器採用など軽量化思想がよくあらわれている。とりわけ、キハ42000形の前面は半円形状の流線形で、独特なデザインが印象的であり、北九州市の九州鉄道記念館には国内唯一のこの内燃動車が一両保存展示されている。

さらに流線形車体に鉄道省と池貝鉄工所・新潟鉄工所・三菱重工業三社の共同開発による二四〇馬力ディーゼル機関と一五〇キロワット発電機を床下に搭載した電気式キハ43000形が、一九三七年川崎車輌で二両製造された。この内燃動車は中間に付随車キサハ（サは付随車）43500形を一両はさんだ三両編成で、総括制御運転を目的に開発されたものである。

戦後、これらのガソリン動車は大形自動車用ディーゼル機関（日野重工業製DA55形▲・DA58形）やGMF13形・GMH17形をディーゼル機関仕様に設計変更したDMF13形・DMH17形に換装、パワーアップがはかられ、全国地方線区で列車頻発運転用に盛んに使用された。さらにこれらのガソリン動車はかなりの数が地方私鉄に譲渡され、動力近代化に貢献した。変速機を歯車箱による機械式からトルクコンバータによる液体式（当初は液圧《えきあつ》式とよんだ）に変更することは電気式と同様、列車の総括制御を可能にすることからこの開発が進み、振興（のちに神鋼）造機と新潟コンバータ両社による液体式変速機が量産された。

軽量車体に床下機関・液体式変速機搭載という設計思想は一九五三年から量産されたディーゼル動車キハ10系▲の誕生につながり、やがて室内居住性向上のため車体断面大形化が進んだ一般用キハ20系が五七年、準急用キハ55系が五六年、そしてより大形断面を持つ急行用キハ58系と特急用キハ82系が六一年から量産され、非電化線区の特急・急行・準急列車増発に大活躍し、全国的な列車サービス網向上に貢献した。

さらに輸送量の少ない地方閑散線区向けとして、ドイツ国有鉄道（DB）で量産・使用実績のあるシーネンブスに習い、レールバス▲とよばれる小形軽量の二軸内燃動車（キハ01〜03形）が設計され、一九五四年から製造された。これは日野自動車工業製アンダフロア形バス用DS21形ディーゼル機関（六〇馬力）を搭載する機械式動力伝達方式で、車体構造などにバスとの共通性が見いだせるほ

▼**キハ10系**　第二次世界大戦後に開発された内燃動車。車体断面は小さいがDMH17形ディーゼル機関を床下に搭載、液体式変速機と組合せ、総括制御可能にした量産形内燃動車。

▼**レールバス**　七三ページ参照。

▼福岡鉄工所製石油発動車　佐賀県の祐徳軌道で使われた石油発動車で、初期の内燃機関車としてはかなりの数が製造され、主として九州地区の軌間三フィートの軽便鉄道・軌道に供給された。

▼京浜電気鉄道穴守線　現在の京浜急行電鉄空港線の旧称。

か、変速機や放熱器などにバス用部品が使用された。昼間時の小単位輸送には好適だったが、朝夕の混雑時に適応できず、五六年までに四九両が製造されただけであった。この後継車は途絶えたが、国鉄分割民営化にともなう地方線区の第三セクター化により、富士重工業で八四年から再び製造されたが老朽化により廃車、二軸ボギー車に交代した。

　地方私鉄では、一八九八(明治三十一)年に小田原—熱海間の豆相人車《ずそうじんしゃ》鉄道(動力は人力)がアメリカ製内燃(焼玉《やきだま》)機関を導入し試験的に使用した。ほかにも、福岡・佐賀両県に路線を持つ軌間三フィート(九一四㎜)の軽便鉄道では、大阪の福岡鉄工所製内燃機関車(石油発動車▲とよばれた)を導入し使用していた。搭載機関は火玉《ひだま》点火式焼玉機関(二サイクルで漁船用機関に多用されたもの)であった。

　ガソリン機関を搭載した内燃動車は、一九一九(大正八)年、京浜電気鉄道穴《あな》守《もり》線▲でレニヤ号と称する貨物自動車を一二人乗りに改造、これにフランジ付き車輪を取り付け試運転したことが知られている。正式に動力使用認可を得て営業用にガソリン機関搭載の内燃動車を運転したのは、二一年開業の福島県の好《よし》間《ま》軌道▲であった。

▼**好間軌道**　ここで使われた内燃動車は、小形ながら車体前方床上にガソリン機関を搭載し、終点ではターンテーブルで方向転換するというユニークな車両だった。

二三年の関東大震災以後、アメリカから乗合自動車が輸入され普及するようになると、地方の軽便鉄道は苦戦を強いられることになり、規模の小さな軽便鉄道では営業廃止に追い込まれるものもかなり見られた。そのため三〇年頃から乗合自動車対策や新路線への内燃動車導入が進んだ。日本車輌、川崎車輛、汽車会社などが中形・大形内燃動車を設計・製造し、南満州、朝鮮、台湾、樺太など各地の鉄道にも販路を広げ納入した。

特に日本車輌では名古屋の本店と東京支店とがそろって内燃動車を製造した。当時は蒸気動力から内燃動力への変更があいついだので、それだけの需要があったのである。このほか、雨宮製作所、梅鉢鉄工所、松井車輛製作所など中小車両メーカーでもオリジナルデザインの内燃車両を設計・製造した。しかし使用機関のほとんどはアメリカ製(フォード、ブダ、ウォーケッシャ各社製)が使われ、変速機は歯車箱による機械式であった。

⑤——鉄道発展期の技術と社会

鉄道省標準形車両の設計と製造(蒸気機関車)

昭和期になると鉄道省(一九二〇〜四三)では、工作局長朝倉希一の指導下で島安次郎の長男島秀雄らが、国産蒸気機関車C51形をベースとし、アメリカから輸入のC52形を参考にした三シリンダの旅客用2C1テンダ式C53形▲(一九二八〜三〇:汽車会社、九七両)を設計した。この機関車はダイナミック・バランスにも十分配慮され性能も良く好評だったが、三気筒式ゆえの内部シリンダと弁装置保守の困難さがともなうというデメリットもあった。続いて二シリンダ式の2C1テンダ式C55形(一九三五〜三七:川崎車輌、六二両)、1Cテンダ式C56形(一九三五〜四二:日立製作所、一六四両)、2C1テンダ式C57形(一九三七〜四七:川崎車輌、二〇一両)、1C1テンダ式C58形(一九三八〜四七:汽車会社、四二七両)、2C1テンダ式C59形(一九四一〜四七:汽車会社、一七三両)が次々に設計・製造された。第二次世界大戦後には、旅客用としては狭軌車両限界内最大の機関車2C2テンダ式C62形(一九四八〜四九:日立製作所、四九両)

▼C53形蒸気機関車　八〇ページ参照。

が登場し、一連の幹線旅客用蒸気機関車の設計・製造はこれで幕を閉じた。

一九三四(昭和九)年東京—下関間の超特急列車運転を想定し、C53形43号機を神戸の鷹取工場で流線形に改造し試運転を実施した。高速化よりもむしろ走行抵抗の低減が主目的で使用成績も良く、さらにC55形20～40号機も流線形で製造された。しかし保守上の困難さもあり、残念ながら流線形蒸気機関車の後継機はなく、三六年製のEF55形電気機関車三両が登場しただけであった。

貨物用としては国産機関車D50形の後継機として改良が施された1D1テンダ式D51形▲(一九三六～四五：川崎車輌、実に一一一五両)が大量生産され、これには民間機関車製造会社に加えて鉄道省の八工場(苗穂、土崎、郡山、大宮、長野、浜松、鷹取、小倉)が製造を担当した。さらに牽引力を増すためより大形の1D1テンダ式D52形▲(一九四三～四六：浜松工場、二八五両)が製造され、ともに戦時下の輸送を担った。このD52形は貨物用としてはわが国最強の機関車であるが、前述のC62形はこの余剰ボイラを使い、走行装置を新製し組合わせたもので、こちらはわが国最大の機関車となった。

このほか、都市近郊や地方簡易線区向けに、1C2タンク式C10形(一九三

▼**D51形蒸気機関車**　わが国を代表する機関車といっても差し支えないほど良く知られている。また準鉄道記念物としても三両(群馬・埼玉・島根県)が、また各地にかなりの数が保存されるほか、JR東日本では二両を営業運転に復活させた。裏表紙は京都市の梅小路蒸気機関車館で動態保存運転中のD51形２００号機である。

▼**D52形蒸気機関車**　日本最重量の機関車で、戦時下の輸送に活躍した。一両が一九六六年準鉄道記念物指定、JR貨物広島運転所内に保存されている。

●— C53形蒸気機関車　左右シリンダのほか、台枠内にもう一つの傾斜したシリンダを持つ三気筒形テンダ式機関車で、幹線での優等旅客列車牽引に活躍した。京都の京都鉄道博物館に一両が保存展示されている。

●— ＥＦ13形電気機関車　戦時輸送を担った代表車両の一つ。第二次世界大戦後ＥＦ58形機関車から車体を転用し一般的な箱形車体となった。

○：川崎車輛、二三両）、1C2タンク式C11形▲（一九三二～四六：汽車製造、三八一両）、1C1タンク式C12形（一九三二～四七：汽車製造、二九三両）機関車が製造された。

これらはいずれも大正、昭和期を代表する機関車であり、鉄道工場での入念な保守・補修に支えられて戦後まで残ったものも多く、各地で保存運転されているものもある。

戦時下の鉄道輸送

中国大陸での戦火が拡大し第二次世界大戦が始まると、兵員と軍需物資主体の輸送が優先され、優等列車廃止や国民の旅行も制限された。輸送を担う列車の牽引に活躍したのは貨物用D51形やD52形蒸気機関車で、従来の貨車の積載容量を増大させた大形貨車も登場した。

戦争が長引くにつれて国内重要資源である金属材料や石炭の使用統制も始まり、製造される機関車にも木材やコンクリートなどの代替品が使われるようになった。この時期の代表的な車両はD52形蒸気機関車、EF13形電気機関車、▲

▼**C11形蒸気機関車**　軸配置1C2のタンク式機関車で、三八一両も製造され全国各地で使用された。現在、静岡県の大井川鉄道、栃木県の真岡鉄道、東武鉄道などでこの機関車による列車運転がおこなわれている。

▼**EF13形電気機関車**　前ページ参照。

そしてトキ900形無蓋貨車▲であろう。EF13形機関車は車体前後にも機械室を持つ凸形として登場、機関車重量を増すためコンクリート塊が搭載された。またトキ900形無蓋貨車はそれまでの大形貨車に使われたボギー式をやめて三軸とされ、少しでも積載量を増やすための高い側板が特徴的である。

電車でも有名なモハ63形が量産されたが、大きなガラス窓がなく中段固定式の三段窓、屋根内側は天井板の大半を省略、座席も少なかった。この三段窓は一九五一(昭和二十六)年の桜木町事故▲で多くの死傷者を出す原因にもなった。

戦時下の鉄道では、男性が減り女性が登用され、また車両も施設も老朽化が進み、保守・補修が不十分で脱線などの事故も多発した。さらに本土空襲が激しくなると爆撃による被害が広がり、輸送機能も低下するなどまさに満身創痍《そうい》の状態で終戦を迎えたのである。

動力分散式長距離電車列車の登場

第二次世界大戦後、日本の鉄道は新生の日本国有鉄道公社により継続され、一九五〇年代に入ると大きな変革があった。それは長距離列車の電車化である。

▼**トキ900形無蓋貨車**　軸配置が3軸のユニークな無蓋貨車で、側面高さが一般無蓋貨車より高く、積載量が大きくなっている。

▼**桜木町事故**　一九五一年京浜東北線桜木町駅構内で、碍子《がいし》交換作業中誤って切断した架線に走行中の電車パンタグラフが接触し発火、電車二両が焼損した。この事故で乗客一〇六名が死亡、九二名が重傷を負った。電車間を結ぶ貫通路が機能せず、窓も三段式のため外への避難ができなかったことが被害を大きくした。

大形機関車が長編成の客車や貨車を牽引して走る従来の幹線列車では、機関車の大形化により線路への負担力も大きかった。沖積平野が多い日本では車両の軸重が軽い方が線路負担力が少なく、保線作業は軽減される。また蒸気機関車は、燃料の石炭価格が高価であるとともに熱エネルギの利用効率が低く、終点での方向転換を必要とするなど運用上の手間もかかった。

こうした諸問題を解決するため、東海道本線の列車を電車列車として運転する計画が立てられた。この電車方式は動力を集中式から分散式にしたところが従来と大きく異なり、電気機関車の車体内に搭載された大形電気機器を小形化し、各車両床下に分散配置したものである。しかし、この電車の客室設計だけは従来の客車同様両端に出入り口のあるものだった。

こうして完成した動力分散形の電車列車は湘南地区(神奈川県)を走ることから湘南電車(モハ80系電車▲)とよばれ、まずは東海道本線の東京—沼津間で運転された。初めてのことでもあり当初は故障が多発し新聞紙上で酷評されたりもしたが、国鉄技術陣はよくこの問題を解決し社会的な信頼を勝ち得た。運転区間も沼津から静岡、浜松と順次延長され、熱海や伊豆などの温泉地をひかえた

▼モハ80系電車　機関車牽引方式による客車列車に代わり、動力分散方式の電車による中・長距離列車用として一九五〇年に登場、湘南電車として親しまれた。のちの電車の普及と発展を語る際に欠かせない重要な存在で、八六年準鉄道記念物に指定。京都の京都鉄道博物館に二両が保存展示されている。

この地域の旅客輸送に大いに貢献したことはいうまでもない。

　この湘南電車の成功は新方式電動台車の完成とあわせて、東海道本線の急行、特急の電車化へと大きく動き出した。まずは従来の電動機吊掛《つりかけ》駆動方式（台車内におかれた電動機の一端を台車枠に、もう一方を動力伝達用歯車を介し車軸に直接掛ける方式で、軸重が増し線路への負担が大きい）を、新しい高性能・軽量設計の電動機とたわみ板継手《つぎて》を使った中空軸《ちゅうくうじく》平行カルダン方式に改良、軸重の軽減をはかり、転がり軸受とコイルばね・オイルダンパ併用の高性能軽量形台車と組合わせた。さらに車体設計にも航空機技術を応用した応力外皮法《おうりょくがいひほう》を適用し、軽量構造の車体を製造した。

　こうした設計思想による電車はモハ90系▲（のちにモハ101系と改称）として誕生、初のユニット編成の全電動車方式となった。連日、東海道本線で性能試験が繰り返され、一九五七（昭和三十二）年から通勤用電車として量産化され、オレンジ色に塗られて飽和状態の中央線に投入、混雑緩和と輸送力増強に大きく貢献した。変電所容量の制限もあり量産車には全電動車方式が採用されず、一〇両編成で電動車▲六両、制御車▲・付随車▲四両（6M4T）だったが、後続の新性

▼**モハ90（101）系電車**　軽量化設計による車体に中空軸平行カルダン駆動方式による新形台車を組合わせた、高性能電車の原点に位置付けられる記念碑的存在の車両。鉄道博物館に一両が保存されている。

▼**電動車（モ）**　台車内に電動機を、車体床下に運転用機器を持つ電車。運転台の有無で制御電動車と中間電動車に分かれる。

▼**制御車（ク）**　運転台と運転用制御器を持つ電車で、電動車の場合は制御電動車（クモ）とよばれる。

▼**付随車（サ）**　運転台も電動機も持たない電車をいう。

●──キハ81系ディーゼル動車　常磐線の特急はつかり用として登場した。この改良形がキハ82系。

●──モハ151系電車　ビジネス特急用として新設計された。先頭車の運転台は高所に置かれている。新幹線開業までは東海道本線特急列車の主役として活躍した。

●──新幹線０系電車　東海道新幹線開業にあたり製造された、歴史に残る電車で、全電動車方式により高速化を達成。ＪＲ山陽新幹線でこだまの運用に使われたが2008年12月で引退した。イギリスの国立ヨーク鉄道博物館にも保存されることになり、博多港から船で輸送された。

▼モハ151系電車　前ページ参照。

能形電車群の基礎を確立した。なお、全電動車方式の実現は東海道新幹線で実現された。101系の改良形である103系電車が五九年山手線に登場、D51形蒸気機関車を上回る車両数が量産され大都市とその近郊の激増する通勤客輸送に活躍し、現在でも大阪環状線等で使用されている。

この軽量構造車体と高性能電動機・駆動方式・台車・制御機器の組合わせは、東京—大阪間に電車特急列車を誕生させ、新製モハ151系電車▲による六時間三〇分のビジネス特急こだまが運転された。この時運転台でハンドルを握ったのは、蒸気機関車の機関士等から電車運転士への厳しい転換訓練を受けた比較的若い乗務員たちであった。

この時期、急行列車も電車化が進み、湘南形の発展形である東海形（モハ153系・165系）が大量に製造された。さらにディーゼル機関と効率の良い液体式変速機の組合わせにより、キハ10系、20系、58系、82系などの新形ディーゼル動車も量産され、全国各地でディーゼル動車による普通列車の運転が始まり蒸気機関車列車を駆逐した。さらにディーゼル動車による特急、急行、準急のネットワーク網が形成され、国民所得の増加とともに利用率が年々高まり、度重なる列車ダイヤ改正を繰り返しながら、各地で長距離または循環形特急、急行、準急列車が大増発された。

交流電化に関する技術的発展

一九五五(昭和三十)年、仙山線▲の一部を交流五〇ヘルツ二万ボルトで電化、試作機関車二両(ＥＤ44形とＥＤ45形)による試験が始められた。ＥＤ44形▲は五五年日立製作所製で交流整流子電動機方式、ＥＤ45形▲は翌五六年三菱電機製で水銀整流器により交流を直流に変え、直流電動機を駆動する方式で製造された。後者の整流器はのちにセレン整流器、シリコン整流器と変わり試験車として使われた。さらに、日立製作所と東芝で異なる整流器を搭載したＥＤ45形が一両ずつ試作され、実用化に向けた試験が続けられた。

こうした成果を生かして製造されたのが北陸本線用ＥＤ70形(六〇ヘルツ)と東北本線用ＥＤ71形(五〇ヘルツ)である。こののち、整流器や電動機に改良が加えられながら、六三年から量産されたＥＤ75形が交流方式で完成された電気機関車として国内の交流区間に活躍している。

▼**仙山線**　仙台―羽前千歳間五八・〇㎞を結ぶＪＲ東日本の一線区で、仙台―作並間に交流電化の試験線が設置された。

▼**ＥＤ44形電気機関車**　交流電化にあたって試作された、交流整流子電動機方式による機関車。

▼**ＥＤ45形電気機関車**　ＥＤ44形同様、交流電化にあたり試作された水銀整流器方式による機関車。

▼ＥＤ46形電気機関車　一九五九年交流・直流区間を通して運転できる軸配置ＢＢの交直両用機関車として試作された。水銀整流器方式により一台車一電動機方式を採用。常磐線で使用された。

このほか、交直両用の電気機関車も開発され、五九年日立製作所製のＥＤ46形▲は水銀整流器を搭載、一台車一直流電動機方式の特徴ある機関車となった。この機関車は常磐線で使われ、その後継機としてＥＦ80形が誕生した。六二年ＥＤ30形が浜松工場でＥＦ55形直流機関車から試作改造され、北陸本線で使われたが長くは続かなかった。本州と九州を結ぶ関門トンネルでもＥＦ30形がステンレス車体で登場した。ＥＦ80形の後継機としてＥＦ81形が量産され、この機関車は全国各地で列車牽引に活躍している。

東海道新幹線開業

一九三九(昭和十四)年の弾丸列車計画により、標準軌(一四三五㎜)による鉄道の車両定規《じょうぎ》制定や車両設計(蒸気機関車、電気機関車の図面が現在でも残っている)などが推進されたが、戦時色が濃くなるにともないこの計画も中止となった。この計画で得られた成果が、後年の新幹線実現に大きく関わっているといえる。

一九六〇年代になると東海道本線の線路容量は一杯となり、別線増設が急務とされた。この時、標準軌による新しい高速鉄道が再浮上し検討され、本格的に決定された。六四年開催の東京オリンピックも考慮し、東海道新幹線計画が実施に移されたのである。80系、１０１系、１５１系と続く電車方式による技術と実績を基に、技術のトータルシステムとして誕生した新幹線電車の試験車が神奈川県下の実験線で様々な試験を開始、この成果を積み重ねて六四年に営業運転が開始され、今日に見る基盤的輸送機関にまで成長したことはいうまでもない。

初の営業用新幹線電車は0系とよばれ、使用された電気方式は交流二万五〇〇〇ボルト、車上に交直変換可能な整流器を搭載し直流電動機を駆動した。この技術は先の交流電化に関する技術的成果が結実したものといえよう。現在の新幹線電車にはすでに使用実績のあった交流電動機を可変電圧・可変周波数（ＶＶＶＦ）制御により駆動する方式が採用されている。この方式は都市のＪＲや大手私鉄でも多用され、独特の音を響かせながら軽快な電車が走っていることは、多くの利用者が知るところである。

一方、動力分散方式の優秀性はわが国のように地盤の弱い国に適しており、これは今は亡き国鉄技師長島秀雄の主張が具体化した姿である。また最近やっ

▼実験線　神奈川県の二宮—鴨宮間につくられた新幹線の試験線。一九六二年新幹線電車試験車が走り時速二〇〇㎞を記録した。

▼新幹線0系電車　八五ページ参照。

▼可変電圧・可変周波数制御　交流電圧と周波数の二つを変えながら交流電動機の回転数と出力を制御する方式。

と設置されるようになったホームドア▲も、列車高速運転時の旅客との接触事故防止には効果的な方式である。最近の交流電動機と軽量台車、それに軽量車体の組合せ▲は従来の直流方式の電車で使用するエネルギを大幅に低減させ、資源を他国に依存するこの国ならではの独創性に富む優れた設計思想といえる。

二十一世紀を迎えた今日、省エネルギに貢献し大量輸送可能な鉄道を大いに見直す必要があると考えるのは、筆者ばかりではあるまい。自動車に比べて安全性が高く、エネルギ効率も良好な鉄道を海上・河川交通とともに国家的視点から再評価し、今後の重要政策として位置づけることを大いに期待したい。

▼**ホームドア**　乗客の線路上への転落や車両との接触を防止するためホーム上に設けた車両との間の仕切壁。近年は都市圏の主要駅で設置が進んでいる。

▼**軽量車体・交流電動機搭載の新形電車**　ステンレス鋼製軽量化車体と、直流を交流に変換するインバータ制御方式で交流電動機を駆動、省エネルギ化を達成。

⑥—鉄道技術の足跡をたどる

鉄道に貢献した技術者たち

今日に至る日本の鉄道の歴史を振り返ると、そこには鉄道に貢献した数多くの技術者の姿が明らかになってくる。ここではその中から、代表的な五人を取り上げ、彼らの略歴と鉄道に対する功績をあわせて簡単に記してみたい。

R・F・トレヴィシックおよびF・H・トレヴィシック

リチャード・フランシス・トレヴィシックとフランシス・ヘンリー・トレヴィシックの兄弟はともに、鉄道車両製造技術面でわが国に貢献した。彼らは蒸気機関車の発明者リチャード・トレヴィシック▲の直孫で、父も伯父もともに鉄道技術者という家柄であった。先に述べたように、日本初の国産蒸気機関車860形はR・F・トレヴィシックの指導で完成したし、F・H・トレヴィシックはボギー式客車の製造指導や信越線急勾配区間(横川—軽井沢間)でのアプト式蒸気機関車運転上の安全性確認もおこなった。彼らの略歴と業績について、簡単に説明しよう。

▼リチャード・トレヴィシック
三三ページ頭注参照。

▼R・F・トレヴィシック
一八四五〜一九一三年。

R・F・トレヴィシック▲は一八四五年イギリスで誕生、六五年チェルタム・カレッジ卒業後、ヘイル鉄工所で徒弟年期を終え、ロンドン・アンド・ノースウェスタン鉄道クルー工場で機関車技術を習得した。その後、セントラル・アルゼンチン鉄道、セイロン国有鉄道での技術責任者を歴任し、八八(明治二十一)年鉄道作業局神戸工場第三代汽車監察方に就任した。九二年国産初の蒸気機関車を神戸工場で製造開始、翌年五月完成した。これが８６０形(当初は２２１号)で軸配置１Ｂ１、シリンダは複式であった。

これに続いて九五年２Ｂテンダ式５６８０形を製造、一九〇四年までに１Ｃテンダ式７９００形、Ｃ１タンク式２１２０形、１Ｄテンダ式９１５０形、１Ｃ１タンク式３１５０形を次々に手がけて完成させた。中でも２１２０形は大量に輸入され日露戦争の兵員と軍需物資輸送に大活躍し、晩年まで各地で愛用された名機関車であるが、基本設計はＲ・Ｆ・トレヴィシックによるものといわれる。東京の青梅鉄道公園に２２２１号機が、また２１０９号機が埼玉県の日本工業大学で動態保存されている。

一九〇四年イギリスに帰国、神戸工場では彼から指導を受けた日本人技術者たちが2120形、9150形の同形機を製造した。これら一連の機関車には彼の設計思想が一貫して盛り込まれ、在任中完成した機関車は帰国後の増備機も含めて三四両にものぼった。一三年逝去、享年六八歳であった。

F・H・トレヴィシック▲は一八五〇年イギリスに誕生した。七六年来日し神戸工場汽缶方頭取に在勤、後に新橋工場汽車監察方助役に転出、七八年鉄道作業局新橋工場汽車監督方に就任した。九三年官鉄・信越線に使用するラック式蒸気機関車を輸入、運転上の安全性を確認した。九七年新橋工場でボギー式客車の製造を指導したのちイギリスに帰国した。一九三一年逝去、享年八一歳であった。

彼らに関する産業遺産のうち860形は樺太庁鉄道で終焉を迎えたため現存しないが、この機関車の模型がさいたま市の鉄道博物館に展示されており、当時の様子を知ることができる。一方、新橋工場製木製二軸客車には、京都府の加悦SL広場で保存展示される客車ハ4995号▲がある。一八九三年新橋工場製で、車体の復元にあたっては鉄道史文献調査や鉄道博物館に展示の明治期の客車座席が参考にされ、鉄道史研究者による考証も受けている。

▼F・H・トレヴィシック　一八五〇～一九三一年。

▼ハ4995号　加悦SL広場に展示される区分席式の客車で、一八九三年鉄道局新橋工場製。区分席形のため車内中央通路はない（写真二一三ページ）。

▼島安次郎　一八七〇〜一九四六年。

島安次郎

島安《やす》次《じ》郎《ろう》▲は一八七〇(明治三)年和歌山市内の薬種問屋「島喜」の次男として誕生、九四年に帝国大学機械工学科を卒業後、関西鉄道に入社、田健治郎社長の下で汽車課長として活躍した。客車窓下に白帯(一等)・青帯(二等)・赤帯(三等)を塗り区別し、客車室内灯にピンチ式ガス灯を導入、蒸気機関車の動輪に直径五フィート二インチ(一五七五㎜)を採用し高速化を可能にした。これは当時最大直径動輪の複式テンダ式機関車で、高速運転を売り物にして官鉄に対抗した。

一九〇一年、田健治郎社長ともども関西鉄道を退職、鉄道作業局に移籍した。この年、長男秀雄が大阪で誕生した。〇一年鉄道作業局設計課技師となったが、〇三年から翌年にかけて鉄道作業局を休職し自費でドイツに出張した。この時、速度記録二一〇・二㎞を出したAEG・ジーメンス社製電車を見たことが、後の鉄道電化推進と高速化に結びついていると思われる。〇六年から鉄道国有法発布にともなう買収私鉄一七社(北海道炭礦、甲武、日本、岩越、山陽、西成、北海道、九州、京都、阪鶴、北越、総武、房総、七尾、徳島、関西、参宮の各鉄道)の車両整理上の技術的業務にたずさわった。

〇八年鉄道院誕生（総裁後藤新平）にともない工作課長に就任、一二年後スイスでの万国鉄道会議に出張、終了後ベルリンに駐在し鉄道電化の研究を続けた。帰国後、鉄道建設規定改正調査委員、鉄道院工作局長、広軌鉄道改築取調委員を歴任した。また一七（大正六）年から横浜線原町田—橋本間で標準軌（一四三五㎜）改築実験を実施、その有効性を確認した。一八年鉄道院技監、機械学会第二二期幹事長を兼任、一九年広軌改築反対の院議に抗議し鉄道院技監を辞任、南満州鉄道理事となった。二四年社団法人日本機械学会▲の初代会長に就任、汽車会社社長だった三九（昭和十四）年幹線調査会委員長に任命され、弾丸列車計画責任者として再び鉄道省に復帰した。四六年疎開先の神奈川県藤沢市辻堂で逝去、享年七六歳であった。

島安次郎の功績は数多くある。その一つは鉄道車両の標準化と規格統一を計画・推進したことである。鉄道院標準形９６００形、８６２０形、６７６０形蒸気機関車はその代表例といえよう。また、自動連結器への交換と空気制動機▲の採用は輸送力の増大と安全性維持に関して画期的な出来事である。さらに鉄

▼社団法人日本機械学会　一八九七年設立された機械学会を前身に持つ日本で最大の技術系学術団体。島安次郎は学会が社団法人化されたときの初代・二代目会長。後述の朝倉希一、島秀雄両氏も会長に就任。歴代会長には鉄道技術関係者が多いのも特徴で、日本の近代化と鉄道技術の関わりがいかに密接であったかが良くわかる。

▼空気制動機　空気圧を使い制動機（ブレーキ装置）を駆動する方式。初期は真空を使いこれを大気圧（一気圧）に近づけるときの圧力差で制動力を得たが、空気圧縮機で高圧（一気圧より高い圧力）がつくり出せるようになるとこれに代わり、現在多用される高圧空気力による方式が基本となった。

道工場を車両の保守・補修専門とし、民間車両製造会社の技術面での育成をはかったことは、わが国工業界への大きな貢献といえよう。

広軌論については「国有鉄道ノ軌間変更ニ関スル私見旧稿集——附 大正六年ニ立案セラレタル軌間変更工事予算調書」に詳細に述べられており、今読んでも彼の情熱が伝わってくるほどである。

大正期国産蒸気機関車の傑作といわれる9600形、8620形は全国にかなりの両数が産業遺産として残っており、まさに名機といえよう。

朝倉希一

朝倉《あさくら》希《き》一《いち》▲は、鉄道車両技術の今日に至る発展の基礎を築いた。さらに国産自動車、工業標準化などにも参画、社会への技術普及活動と技術教育への貢献はよく知られている。

一八八三(明治十六)年東京に誕生、一九〇八年東京帝国大学機械工学科を卒業し帝国鉄道庁入庁、島安次郎工作課長の下で鉄道車両設計の中心となって仕事をした。〇八年鉄道庁は鉄道院に改組、ベルリンに製作監督官事務所を開設すると、鉄道電化計画の現状調査と過熱式蒸気機関車導入、設計製作監督業務

▼朝倉希一　一八八三〜一九七八年。

を担当するため派遣された。研究課題は「列車運転及び工場に使用する電力」であった。一一年過熱式蒸気機関車が一二両ずつボルジッヒ会社とベルリン機械製造会社に発注された時、この製造監督をしている。両社とも短期間で完成、関税改正(一九一一年実施)前に日本の領海内に到着した。前者は８８５０形、後者は８８００形である。一二年奥羽本線急勾配用蒸気機関車４１００形四両をマッファイ社に発注、この製造監督も担当した。

二〇(大正九)年鉄道院は鉄道省に改組、二三年大井工場第四代工場長に就任、工作局車両課長を経て工作局長となり、三一(昭和六)年商工省自動車工業確立調査委員会委員、日本機械学会会長をつとめた。四一年汽車会社専務取締役を経て、四九年神奈川大学教授となった。この間工業標準調査会標準会議委員・基本部会長、日本鉄道技術協会会長、日本ボイラ協会会長などを歴任、五五年藍綬褒章《らんじゅほうしょう》、六四年勲二等瑞宝章《ずいほうしょう》を受章、七八年九五歳で逝去した。

朝倉希一の功績は数多いが、自動連結器への交換と空気制動機の採用の実際の推進役を担った。また、９６００形、８６２０形、C51形設計の実務担当者、商工省国産標準自動車製作プロジェクトに参加、三〇年の「自動車国産化」推進

▼島秀雄　一九〇一～九八年。

方針具体化に貢献した。これらに参加した自動車会社三社が合併してできたのが、いすゞ自動車である。さらに、工業標準化への貢献も忘れてはならず、四九年六月の工業標準化法制定は朝倉希一の功績の一つとして特記されなければならない。

島秀雄

島秀雄《ひでお》▲は、戦後のビッグプロジェクトの一つである新幹線鉄道建設に多大な尽力をし、新幹線の生みの親ともよばれている。また論文・著作はわかっているだけでも長・短編あわせて約三五〇件にのぼる。

一九〇一(明治三十四)年島安次郎の長男として大阪で誕生、東京府立第四中学校、第一高等学校理科乙類を経て、二五(大正十四)年東京帝国大学機械工学科を卒業した。鉄道省に入省、大宮工場、品川機関区で実務訓練を経験、翌年工作局車両課に配属、C53形蒸気機関車設計に従事した。二七年鉄道省を休職、斯波《しば》忠三郎東京帝国大学教授(男爵)に随行して欧米視察。三六年在外研究員として欧州派遣、アメリカなどを巡り帰国した。鷹取工場機関車掛長を経て四〇年弾丸列車計画により、鉄道省官房幹線調査会課を兼務する。浜松工場長を経て四二年工作局車両第二課長・資材局動力車課長となった。四九年国鉄理事・工作局長となったが、五一年に京浜東北線桜木町でおきた電車焼失事故（桜木町事故）の責任をとり五一年国鉄を辞職、住友金属工業（株）顧問となった。五五年国鉄に復職、理事・技師長として新幹線建設の準備を開始し、五八年新幹線建設基準調査委員会委員長にもなった。六〇年社団法人日本機械学会第三八期会長に就任、六三年十河《そごう》信二総裁とともに国鉄を退任した。六六年から六九年にかけてコロンブス賞（国際運輸賞）、スペリー賞▲、ジェームス・ワット賞▲を受賞、宇宙開発事業団理事長に就任し、文化功労者顕彰、勲一等瑞宝章、文化勲章を受章した。九八（平成十）年逝去、享年九六歳であった。

島秀雄の功績として最大のものは、国家的一大プロジェクト東海道新幹線の実現である。これは技術システムの集大成であり、個々の技術がその役割を確実に果たすよう最適に組合わせることが基本とされた。こうした技術の総合化（システム化）は多くの蒸気機関車設計や電化を通して、経験と信頼性に支えられた技術力蓄積の成果でもある。晩年は新幹線のトラブルに対し、痛烈ではあるが技術者としての温かさともとれる指摘をしていたことが、印象的であった。

▼スペリー賞　一九五五年、E・A・スペリーの業績を記念して制定された賞で、陸海空における輸送技術の進歩発展に関し「実用によって証明されたる」顕著な工学的貢献をなしたものを対象に、毎年全世界から選出される。

▼ジェームス・ワット賞　一九三六年、J・ワット生誕二〇〇年を記念して制定された工学のノーベル賞で、隔年に一人が選ばれる。島秀雄氏は日本人として初の受賞。

鉄道の産業技術遺産

日本において、鉄道に関する遺産を後世に保存するための制度化をおこなったのは鉄道院であり、一九一一(明治四十四)年に鉄道博物館掛をおき実施に移したことが最初である。翌年には二軸御料車第1号および第2号をまず保存の対象として保管した。さらに、鉄道博物館に収蔵する品々(参考品とよばれた)が一二一点集められ、これらの中には霊柩車《れいきゅうしゃ》も含まれていた。この鉄道博物館は後の交通博物館(東京・神田)であるが、当初は鉄道創業五〇周年記念事業の一環として、二一(大正十)年東京駅構内で暫定的に参考品を一般公開した。しかし二三年の関東大震災で被災し閉館、二五年になり東京—神田間の高架線下で開館、三六(昭和十一)年旧万世橋駅《まんせいばし》▲高架下に移転した。東京都青梅市の青梅鉄道公園と大阪市の交通科学博物館はともに六二(昭和三十七)年開館、京都市には一九七二(昭和四十七)年開館の梅小路蒸気機関車館があり、多数の蒸気機関車を保存・展示している。

旧国鉄では鉄道遺産の保存に関して鉄道記念物保護基準規程を定め、五八(昭和三十三)年十月から鉄道記念物、六三(昭和三十八)年十月から準鉄道記念物

▼**旧万世橋駅**　一九一二年開業した中央線の起点駅で、駅前から上野・浅草方面へ市内電車で乗り換えができた。当年度の乗降客数は上野(三七四万三三七〇人)を筆頭に新橋(三〇八万九五八人)、新宿(一七八万一八七二人)に次ぎ万世橋(一三九万二八二二人)であった。以下、品川、代々木、日暮里、渋谷、牛込、四ッ谷と続く。一九二四年神田—上野間開通にともない乗降客数が激減し四三年廃止、駅跡は交通博物館として使用された。交通博物館はさいたま市に移り、鉄道博物館として二〇〇七(平成十九)年に新規開館。

の指定を開始した。前者は本社が、また後者は支社または管理局が指定するもので、次の三項目が重要である。

(1)国鉄及び国鉄以外の者の地上施設その他の建造物・車両・古文書などで、歴史的文化的価値の高いもの。

(2)国鉄及び国鉄以外の者の制服・作業用具・看板その他の物件で、諸制度の推移を理解するために欠くことのできないもの。

(3)国鉄における諸施設の発祥となった地点、国鉄に関係のある伝承地、鉄道の発達に貢献した故人の遺跡(墓碑を含む)などで、歴史的価値のあるもの。

なお、国鉄の分割民営化後も前記の規程は継承され、これらの項目に沿った記念物が指定されている。

次ページの鉄道記念物・準鉄道記念物の一覧をみると、車両もさることながらお雇い外国人の墓地が多いことに気付く。近年は鉄道遺産の保存・活用が注目され、蒸気機関車復活運転も各地でおこなわれるなど社会的認知度が高まってきた。さらに、わが国の近代化を担ってきた多くの鉄道遺産を対象とした産業技術史や産業考古学面での調査・研究も活発に展開されていることは誠に喜

●—鉄道記念物一覧

指定番号	名称	指定年月日	所在地
1	1号機関車	1958.10.14	鉄道博物館
2	1号御料車	1958.10.14	鉄道博物館
3	弁慶号機関車	1958.10.14	鉄道博物館
4	旧長浜駅	1958.10.14	旧長浜駅舎鉄道資料館
5	0哩標識	1958.10.14	鉄道博物館
6	善光号機関車	1959.10.14	鉄道博物館
7	5号御料車	1959.10.14	博物館明治村
8	6号御料車	1959.10.14	博物館明治村
9	鉄道古文書	1959.10.14	鉄道博物館
10	佐賀藩製造の蒸気機関車	1959.10.14	佐賀県立博物館
11	大阪駅時鐘	1960.10.14	京都鉄道博物館
12	旧逢坂山ずい道東口	1960.10.14	東海道本線大津駅付近
13	旧手宮機関庫	1960.10.14	小樽市総合博物館
14	野辺地防雪原林	1960.10.14	東北本線野辺地駅付近
15	開拓使号客車	1961.10.14	鉄道博物館
16	110号機関車	1961.10.14	青梅鉄道公園
17	旧長浜駅29号分岐器ポイント部	1961.10.14	旧長浜駅舎鉄道資料館
18	エドモンド・モレルの墓	1962.10.14	横浜市外国人墓地
19	秋田第1号鉄道飛砂防止林	1962.10.14	羽越本線桂根駅付近
20	蒸気動車	1962.10.14	リニア・鉄道館
21	西園寺公望自筆の鉄道国有法案説明草稿	1962.10.14	鉄道博物館
22	2号御料車	1963.10.14	鉄道博物館
23	鉄道助佐藤政養文書	1963.10.14	鉄道博物館
24	アプト式鉄道	1964.10.14	しなの鉄道軽井沢駅構内
25	井上勝の墓	1964.10.14	品川東海寺大山墓地
26	ウェブ・エンド・トムソン式電気通票器	1964.10.14	鉄道博物館
27	旧六郷川鉄橋	1965.10.14	JR東海社員研修センター（三島分所）
28	壱岐丸の号鐘	1967.10.14	鉄道博物館
29	7号御料車	1967.10.14	鉄道博物館
30	伊予鉄道1号機関車	1967.10.14	伊予鉄道梅津寺パーク内
31	9号御料車	1969.10.14	鉄道博物館
32	10号御料車	1969.10.14	鉄道博物館
33	12号御料車	1969.10.14	鉄道博物館
34	国鉄バス第1号車	1969.10.14	鉄道博物館
35	ナデ6141号電動車	1972.10.14	鉄道博物館
36	義経号機関車	2004.10.14	京都鉄道博物館
37	1801号機関車	2004.10.14	京都鉄道博物館
38	233号機関車	2004.10.14	京都鉄道博物館
39	ＥＦ521号電気機関車	2004.10.14	京都鉄道博物館
40	0系新幹線電車	2008.10.14	京都鉄道博物館

●—準鉄道記念物一覧

指定番号	名称	指定年月日	所在地
1	しづか号機関車	1963. 10. 14	小樽市総合博物館
2	い１号客車	1963. 10. 14	小樽市総合博物館
3	四ッ谷トンネル入口飾付兜	1963. 10. 14	鉄道博物館
4	噴水小僧	1963. 10. 14	京都鉄道博物館
5	義経号機関車	1963. 10. 14	京都鉄道博物館
6	別子１号機関車	1963. 10. 14	別子銅山記念館
7	大勝号機関車	1964. 10. 14	小樽市総合博物館
8	キ601回転雪かき車	1964. 10. 14	小樽市総合博物館
9	キ800号かき寄せ雪かき車	1965. 10. 14	小樽市総合博物館
10	1800形式機関車	1965. 10. 14	京都鉄道博物館
11	Ｃ591号機関車	1965. 10. 14	九州鉄道記念館
12	北海道鉄道開通起点標	1966. 10. 14	小樽市総合博物館
13	車両航送発祥の地	1966. 10. 14	山口県下関市竹崎町
14	Ｄ521号機関車	1966. 10. 14	JR 貨物広島運転所内
15	形式10・26号機関車	1966. 10. 14	宇佐神宮境内
16	キハ031号気動車	1967. 10. 14	小樽市総合博物館
17	旧函館駅所在地	1967. 10. 14	北海道函館市海岸町
18	国産アプト式鉄道	1967. 10. 14	信越本線横川駅構内
19	九州鉄道株式会社株主総会報告	1967. 10. 14	JR 九州本社内
20	九州鉄道運輸法規類纂	1967. 10. 14	JR 九州本社内
21	ＥＤ4010号機関車	1968. 10. 14	鉄道博物館
22	下関鉄道桟橋跡	1969. 10. 14	山口県下関市竹崎町
23	古文書(山陽鉄道旅客事務通達類纂)	1969. 10. 14	JR 西日本広島支社内
24	Ｄ51745号機関車	1970. 10. 14	水上駅ＳＬ転車台広場
25	稲荷駅ランプ小屋	1970. 10. 14	奈良線稲荷駅構内
26	Ｃ57139号機関車	1971. 4 . 17	JR 東海社員研修センター
27	Ｄ51187号機関車	1971. 10. 14	JR 東日本大宮総合車両センター
28	Ｃ58333号機関車	1971. 10. 14	JR 四国多度津工場内
29	Ｄ51488号機関車	1975. 12. 25	和鋼博物館
30	Ｃ621号機関車	1976. 3 . 31	京都鉄道博物館
31	７号機関車	1976. 10. 14	東海道本線熱海駅前広場
32	回転変流機	1976. 11. 19	京都鉄道博物館
33	回転変流機	1977. 10. 14	碓氷峠鉄道文化村
34	ＥＦ551号機関車	1978. 10. 14	JR 東日本高崎車両センター
35	ＥＦ521号機関車	1978. 10. 14	京都鉄道博物館
36	ロ481号客車	1978. 10. 14	JR 四国多度津工場内
37	ジョン・イングランドの墓	1980. 10. 14	横浜市外国人墓地
38	ジョン・ダイアックの墓	1980. 10. 14	横浜市外国人墓地
39	ゼオドラ・シャンの墓	1980. 10. 14	横浜市外国人墓地
40	チャーレス・キングストンの墓	1980. 10. 14	横浜市外国人墓地
41	ヘンリー・ホートンの墓	1980. 10. 14	横浜市外国人墓地
42	ＥＤ161号電気機関車	1980. 10. 14	青梅鉄道公園
43	モハ52001号電車	1981. 10. 14	JR 西日本吹田工場内
44	ＤＦ501号機関車	1983. 10. 14	四国鉄道文化館
45	230形式蒸気機関車	1986. 10. 14	京都鉄道博物館
46	キハ81ディーゼルカー	1986. 10. 14	京都鉄道博物館
47	80系湘南電車	1986. 10. 14	京都鉄道博物館
48	セオボールド・パーセルの墓	1991. 10. 14	横浜市外国人墓地
49	エドウィン・ホイーラーの墓	1991. 10. 14	横浜市外国人墓地
50	梅小路の蒸気機関車群と関連施設	2006. 10. 14	京都鉄道博物館

ばしいが、残念ながら日本では鉄道遺産を技術教育や社会教育に有効活用する努力が不足しており、今後に向けた大きな教育上の課題といえよう。

鉄道という総合的技術システムは短期間で出来上がるものではなく、長い時間をかけながら少しずつまた確実に積み上げられていく経験的な技術である。明治期以来多くの先人たちが血と汗と涙を流しながら、日本の近代化を輸送面から支えこれを実現すべく多大な努力を重ねてきた。こうした歴史を背景に持つ鉄道には、実に多くのドラマがある。これまで車両技術を中心としながら、その歴史を断片的に記述してきた。時々に登場する車両は社会的ニーズにあわせてつくられるものであり、鉄道や車両をただ利用するだけではなく、そうした社会的背景と、その製造・運用・保守に携わった多くの人々の姿を少しでも思い起こし、鉄道にさらなる関心を持ってほしいものである。

自動車中心形の生活が普及し、鉄道の利用法もよく知らない若い人々が増えつつある今日、歴史を振り返り環境問題もふまえながら、国家的視点で鉄道の再評価をする時期が、すぐ目の前にやってきていると思うのである。

3　人物伝
青木槐三『人物国鉄百年』中央宣興出版局, 1969年
和久田康雄『人物と事件でつづる私鉄百年史』鉄道図書刊行会, 1991年
碇義朗『超高速に挑む』文藝春秋, 1993年
前田清志編『日本の機械工学を創った人々』オーム社, 1994年
前間孝則『亜細亜新幹線』講談社, 1998年
橋本克彦『日本鉄道物語』講談社, 1989年
高橋団吉『新幹線をつくった男・島秀雄物語』小学館, 2000年
島秀雄遺稿集編集委員会編『島秀雄遺稿集 ── 20世紀鉄道史の証言』日本鉄道技術協会, 2000年

4　企業史・産業遺産・その他
中川浩一・今城光英・加藤新一・瀬古龍雄『軽便王国雨宮』丹沢新社, 1972年
汽車会社蒸気機関車製造史編集委員会編『汽車会社蒸気機関車製造史』交友社, 1972年
交通博物館編『鉄道記念物ガイド』交通博物館, 1994年
産業考古学会編『日本の産業遺産300選』同文館, 1994年
前田清志編『日本の機械遺産』オーム社, 2000年

●── 図版提供・出典一覧

『大井工場90年史』　p. 96
小川功氏　p. 50
『茅沼炭化礦業開礦百年史』　p. 11
交通博物館　カバー表, p. 19上・中・下, 24上, 35上・中, 42上・中・下, 45上・中・下, 52下, 57, 68上・下, 73上・中・下, 76, 80上・下, 85上・中, 92, 93, 94, 98
城下荘平氏　p. 36
『東京電燈株式会社開業五十年史』　p. 63
『日本鉄道史』(上)　扉, p. 13, 21上・中, 24中・下
東京都港区立港郷土資料館　p. 15
著者所蔵　p. 8, 9, 21下, 23, 31, 35, 52上, 56上・中・下, 77, 85下, 90, カバー裏

●—参考文献

1　鉄道全般・鉄道史

鉄道省『日本鉄道史』(上・中・下)1921年

工学会『明治工業史 鉄道篇』丸善, 1926年

日本国有鉄道『鉄道80年のあゆみ』1952年

茅沼炭化礦業(株)茅沼鑛業所『開礦百年史』1956年

和久田康雄『資料・日本の私鉄』鉄道図書刊行会, 1968年

日本国有鉄道『日本国有鉄道百年史』1969〜1972年

鉄道百年略史編纂委員会『鉄道百年略史』鉄道図書刊行会, 1972年

原田勝正『明治鉄道物語』筑摩書房, 1983年

野田正穂・原田勝正・青木栄一・老川慶喜『日本の鉄道 成立と展開』日本経済評論社, 1986年

島秀雄『東京駅誕生 お雇い外国人バルツァー論文発見』鹿島出版会, 1990年

日本国有鉄道『鉄道技術発達史』クレス出版, 1990年

E.Aoki, M.Imashiro, S.Kato, Y.Wakuda, *A History of Japanese Railway 1872-1999*, EAST JAPAN RAILWAY CULTURAL FOUNDATION, 2000

2　車両・車両製造技術

車両工学会『全国機関車要覧』溝口書店, 1929年

臼井茂信『国鉄蒸気機関車小史』鉄道図書刊行会, 1956年

新出茂雄・弓削進『国鉄電車発達史』電気車研究会, 1959年

大井工場90年史編纂委員会『大井工場90年史』日本国有鉄道, 1963年

日本の内燃車両編纂委員会『日本の内燃車両』鉄道図書刊行会, 1969年

臼井茂信『機関車の系譜図』(１・２・３)交友社, 1972年

島秀雄『D51から新幹線まで ── 技術者の見た国鉄』日本経済新聞社, 1977年

川上幸義『私の蒸気機関車史 上』交友社, 1978年

高田隆雄・黒岩保美『蒸気機関車・日本編』小学館, 1981年

久保田博『鉄道史録 鉄輪の軌跡』大正出版, 1981年

久保敏・日高冬比古『電気機関車展望』(１・２)交友社, 1982年

沢井実『日本鉄道車両工業変遷史』日本経済評論社, 1999年

日本史リブレット59
近代化《きんだいか》の旗手《きしゅ》、鉄道《てつどう》

2001年5月30日　1版1刷　発行
2019年12月20日　1版7刷　発行

著者：堤《つつみ》　一郎《いちろう》

発行者：野澤伸平

発行所：株式会社 山川出版社

〒101－0047　東京都千代田区内神田1－13－13
電話　03(3293)8131(営業)
　　　03(3293)8135(編集)
https://www.yamakawa.co.jp/
振替　00120-9-43993

印刷所：明和印刷株式会社

製本所：株式会社 ブロケード

装幀：菊地信義

Printed in Japan ISBN 978-4-634-54590-8

日本史リブレット 第Ⅰ期［68巻］・第Ⅱ期［33巻］ 全101巻

1 旧石器時代の社会と文化
2 縄文の豊かさと限界
3 弥生の村
4 古墳とその時代
5 大王と地方豪族
6 藤原京の形成
7 古代都市平城京の世界
8 古代の地方官衙と社会
9 漢字文化の成り立ちと展開
10 平安京の暮らしと行政
11 蝦夷の地と古代国家
12 受領と地方社会
13 出雲国風土記と古代遺跡
14 東アジア世界と古代の日本
15 地下から出土した文字
16 古代・中世の女性と仏教
17 古代寺院の成立と展開
18 都市平泉の遺産
19 中世に国家はあったか
20 中世の家と性
21 武家の古都、鎌倉
22 中世の天皇観
23 環境歴史学とはなにか
24 武士と荘園支配
25 中世のみちと都市
26 戦国時代、村と町のかたち
27 破産者たちの中世
28 境界をまたぐ人びと
29 石造物が語る中世職能集団
30 中世の日記の世界
31 板碑と石塔の祈り
32 中世の神と仏
33 中世社会と現代
34 秀吉の朝鮮侵略
35 町屋と町並み
36 江戸幕府と朝廷
37 キリシタン禁制と民衆の宗教
38 慶安の触書は出されたか
39 近世村人のライフサイクル
40 都市大坂と非人
41 対馬からみた日朝関係
42 琉球の王権とグスク
43 琉球と日本・中国
44 描かれた近世都市
45 武家奉公人と労働社会
46 天文方と陰陽道
47 海の道、川の道
48 近世の三大改革
49 八州廻りと博徒
50 アイヌ民族の軌跡
51 錦絵を読む
52 草山の語る近世
53 21世紀の「江戸」
54 近代歌謡の軌跡
55 日本近代漫画の誕生
56 海を渡った日本人
57 近代日本とアイヌ社会
58 スポーツと政治
59 近代化の旗手、鉄道
60 情報化と国家・企業
61 民衆宗教と国家神道
62 日本社会保険の成立
63 歴史としての環境問題
64 近代日本の海外学術調査
65 戦争と知識人
66 現代日本と沖縄
67 新安保体制下の日米関係
68 戦後補償から考える日本とアジア
69 遺跡からみた古代の駅家
70 古代の日本と加耶
71 飛鳥の宮と寺
72 古代東国の石碑
73 律令制とはなにか
74 正倉院宝物の世界
75 日宋貿易と「硫黄の道」
76 荘園絵図が語る古代・中世
77 対馬と海峡の中世史
78 中世の書物と学問
79 史料としての猫絵
80 寺社と芸能の中世
81 一揆の世界と法
82 戦国時代の天皇
83 日本史のなかの戦国時代
84 兵と農の分離
85 江戸時代のお触れ
86 江戸時代の神社
87 大名屋敷と江戸遺跡
88 近世商人と市場
89 近世鉱山をささえた人びと
90 「資源繁殖の時代」と日本の漁業
91 江戸の浄瑠璃文化
92 江戸時代の老いと看取り
93 近世の淀川治水
94 日本民俗学の開拓者たち
95 軍用地と都市・民衆
96 感染症の近代史
97 陵墓と文化財の近代
98 徳富蘇峰と大日本言論報国会
99 労働力動員と強制連行
100 科学技術政策
101 占領・復興期の日米関係